桂林理工大学风景园林一流学科、广西人文社科重点研究基地
广西旅游产业研究院建设经费资助

乡村振兴背景下 桂北 地区 乡土景观保护模式与方法研究

郑文俊　等◎著

企业管理出版社
ENTERPRISE MANAGEMENT PUBLISHING HOUSE

内 容 提 要

本书在乡村振兴战略全面推进的宏观背景下，综合运用风景园林学、文化地理学、人类学、民族学、社会学等多学科理论与方法，探讨乡土景观的功能与价值，推演乡土景观的保护模式与方法。本书选择桂北地区的典型村寨为案例，从生态博物馆、传统生态智慧、聚落景观意象、乡土文化记忆、乡愁文化景观五个视角，总结乡土景观保护与营建策略。

本书可供风景园林、人文地理、城乡规划、旅游管理等相关领域的科研、管理人员参考，也可作为高等院校相关专业的教研参考用书。

图书在版编目（CIP）数据

乡村振兴背景下桂北地区乡土景观保护模式与方法研究 / 郑文俊等著 . —北京：企业管理出版社，2022.11
ISBN 978-7-5164-2701-9

Ⅰ . ①乡 ... Ⅱ . ①郑 ... Ⅲ . ①乡镇 – 景观规划 – 保护 – 研究 – 广西 Ⅳ . ① TU982.296.7

中国版本图书馆 CIP 数据核字 (2022) 第 163332 号

书　　名：乡村振兴背景下桂北地区乡土景观保护模式与方法研究
作　　者：郑文俊等
责任编辑：杨慧芳
书　　号：ISBN 978-7-5164-2701-9
出版发行：企业管理出版社
地　　址：北京市海淀区紫竹院南路 17 号　邮编：100048
网　　址：http://www.emph.cn
电　　话：发行部（010）68701816　编辑部（010）68420309
电子信箱：314819720@qq.com
印　　刷：北京虎彩文化传播有限公司
经　　销：新华书店
规　　格：710 毫米 ×1000 毫米　　16 开本　　13.5 印张　　216 千字
版　　次：2022 年 11 月第 1 版　　2022 年 11 月第 1 次印刷
定　　价：78.00 元

在城镇化发展快速推进过程中，乡村自然环境和人文环境受到一定程度的冲击，人、自然环境、地域文化之间的矛盾日益显露，乡村面临生态环境退化、景观风貌同化、文化遗产弱化等潜在问题。为助力乡村振兴战略的实施，如何在发展的同时保护乡村遗产、传承乡村文化、营建乡村景观已成为当前紧要的研究课题。在此背景下，本书以广西桂北地区乡村为样本，结合定性和定量的研究方法，建构乡土景观保护的理论框架，从生态博物馆、传统生态智慧、聚落景观意象、乡土文化记忆、乡愁文化景观五个视角总结乡村振兴背景下桂北乡土景观保护模式与营建策略。

本书共分8章：第1章阐述了研究背景、研究意义、研究对象和研究方法；第2章构建了乡土景观保护的理论框架；第3章基于对桂北地区生态博物馆的调查分析，提出了生态博物馆运行优化方案；第4章围绕山水环境、选址布局、农业景观、聚落空间四个层面，探讨了桂林龙脊古寨蕴含的传统生态营造智慧；第5章基于网络文本分析，提出了柳州程阳八寨乡土景观意象保护与营造策略；第6章基于传统村落景观变迁特征，归纳了乡村记忆重塑路径；第7章通过分析桂北村落村民与游客对"乡愁"文化的感知，总结了桂北乡愁文化景观营建路径；第8章对全文进行了总结并提出研究不足及展望。

本书的撰写由郑文俊、洪子臻（西南林业大学风景园林学专业博士研究生）、梅骏翔等多名作者共同完成。其中，全文结构框架确定

I

及第 1、2 章和第 8 章由郑文俊、洪子臻、梅骏翔共同完成；第 3 章由孙明艳撰写的调研报告整理而成；第 4 章内容由张贝贝硕士研究生学位论文整理而成；第 5 章内容由骆姚瑶硕士研究生学位论文整理而成；第 6 章内容由谢燕玲硕士研究生学位论文整理而成；第 7 章内容由张晓敏硕士研究生学位论文整理而成。

本书的出版受桂林理工大学风景园林一流学科和广西人文社科重点研究基地广西旅游产业研究院专项建设经费资助。本书完稿过程中参考了相关领域专家的观点和论述，在此一并致谢。由于作者学术水平和专业能力的限制，部分资料数据存在时效局限，有待后续的跟踪调查与更新；相关观点作为学术探讨和参考，恐存在不妥之处，敬请广大读者批评指正。

作者

2022 年 6 月于桂林

第 1 章 绪论

一、研究背景与意义

（一）研究背景

1. 乡村振兴战略全面推进，建设宜居乡村势在必行

实施乡村振兴战略，是解决人民日益增长的美好生活需要和不平衡不充分的发展之间矛盾的必然要求，也是建设宜居乡村、塑造乡村风貌、繁荣乡村文化的必然要求。当前，我国乡村建设取得了显著成效，乡村人居环境质量得到很大提升，但仍存在一些问题，主要表现在：有些地方出现急功近利的心态，注重短期效应、忽视长远规划；有些地方乡村建设趋于同质化、单一化、片面化；有些地方盲目跟风外地乡村建设模式，把一些依山傍水、古朴宁静的村落推倒重来，建设成整齐划一的别墅样式，造成乡土特色的丧失；有些地方村容村貌改造和环境卫生治理过于激进，开展大规模村落整治，河道渠化、拦河筑坝、修筑公路，破坏了乡村原有的生态系统和传统乡村风貌。

在乡村振兴和新型城镇化建设进程中，我国传统村落不断遭受或正在面临自然性颓废或"建设性、开发性、旅游性"的破坏风险。面对村落风貌和乡村文化的失落和断层，保护传统村落、传承乡土文化、延续乡村记忆成为乡村振兴战略的重要事情。2018 年，中共中央、国务院发布《关于实施乡村振兴战略的意见》提出，打造人与自然和谐共生发展新格局，繁荣兴盛农村文化，塑造美丽乡村新风貌[1]。同年，中共中央、国务院印发《乡村振兴战略规划（2018—2022 年）》

提出，努力保持村庄的完整性、真实性和延续性，切实保护村庄的传统选址、格局、风貌，以及自然田园景观等整体空间形态与环境，全面保护文物古迹、历史建筑、传统民居等传统建筑 [2]。2022 年，《乡村建设行动实施方案》提出，深入推进农村精神文明建设和乡村文化设施建设，包括建设文化礼堂、文化广场、乡村戏台和非遗传习场所等公共文化设施 [3]。乡村振兴的全面深入推进，必须保护传统村落的完整性和真实性，延续和传承乡村文化，改善村落人居环境，实现乡村的可持续发展。

2. 城镇化发展迈入新阶段，呼唤"乡愁"情感

《国家新型城镇化规划（2014—2020 年）》[4] 中提到，发展有历史记忆、文化脉络、地域风貌、民族特点的美丽城镇，形成符合实际、各具特色的城镇化发展模式。《2022 年新型城镇化和城乡融合发展重点任务》[5] 也提出，推进以县城为重要载体的城镇化建设，促进特色小镇规范健康发展，保护历史文化名城名镇和历史文化街区、历史建筑、历史地段，保留历史肌理、空间尺度、景观环境，城镇化不应当也不能与乡土景观保护割裂开来。中华民族是从悠久的农耕文明发展而来的，我国村落中所蕴含的文化内涵和历史价值是世界上许多其他国家所难以比拟的，每一处承载着珍贵文化历史价值的乡村聚落，都是中华民族宝贵且无法再生的文化遗产，同时也是泱泱中华文明得以流传数千年而不断的载体。

当前背景下，国人的"乡愁"情结不断增强，其更深层次反映的是传统乡村聚落在城镇化发展大潮中不断消失这一现实，而传统村落的消失，不仅意味着多样的历史创造、文化景观、乡土建筑、农耕时代物质见证遭到泯灭，也使大量从属于村落的乡土景观、非物质文化遗产随之消亡。"乡愁"所代表的是一种中华民族千年文明历史血脉赓续，乡土传统文化体系一旦毁坏，将会造成文化发展脉络的断层，失去的不仅仅是一段过去的记忆，更包括长久沉淀在其中的民俗与文化、从先祖世代传承而来对土地的信仰，如今一些不合理的乡村建设活动，极易导致绵延久远的乡村聚落大规模消失。长此以往，"乡书何处达"将会成为国人所面临最为深沉、痛楚的"乡愁"。

3. 全民旅游休闲时代来临，掀起"下乡"潮流

中国已迈入旅游休闲的新时代[6]，面对日趋增大的生活压力及单调枯燥的生存环境，城市居民对农村乡野的向往越发强烈。乡土景观以其区别于城市景观的环境自然之美、农业景观之美、聚落建筑文化之美和乡村生产之美，日益受到城市居民的青睐，乡村旅游、生态农业旅游、乡村养生旅游也随之在全国各地兴起，上山下乡成为城市居民休闲新潮流。由此带来我国休闲农业的蓬勃发展，规模逐年扩大，功能日益扩展，模式丰富多样，内涵不断丰富，呈现出良好的发展态势。但是，快速发展的乡村旅游业也容易导致乡土景观无序化、城市化、商业化。乡村景观无序化表现为乡村旅游地建筑风貌、旅游设施及标识系统的杂乱和不协调；乡村旅游业的发展加速了传统村镇景观向城市化转变，村镇开放空间利用方式逐渐朝城市公园化和广场化方向演化；乡村生活变得日渐浮躁与喧嚣嘈杂，地域文化景观面临前所未有的挑战。乡村旅游地过度商业化开发造成传统建筑形式、礼仪、语言、节庆、服饰、信仰以及民间艺术的改变，传统地域文化景观呈现出边缘化、破碎化和孤岛化特征。商业化倾向对乡土文化景观产生巨大冲击，沿街的生活门面转化为旅游商铺，历史城镇失去传统的生活特性，乡土景观特色濒临消逝的危险境地。因此，在热火朝天的乡村旅游大潮中冷静开发、保持乡土文化景观特色、维护传统乡土价值是关键所在[7]。

《"十四五"推进农业农村现代化规划》[8]中提到，推动农业与旅游、教育、康养等产业融合，发展田园养生、研学科普、农耕体验、

休闲垂钓、民宿康养等休闲农业新业态。2021 年,《"十四五"文化和旅游发展规划》[9] 指出,"十四五"时期文化和旅游发展面临重大机遇,也面临诸多挑战,需要着力推进文化铸魂、文化赋能作用;着力推进旅游为民、旅游带动作用;着力推进文旅融合,努力实现创新发展。同时,我国广大乡村地区所拥有的优质农产品、优美田园风光、恬淡生活环境,将为新时代背景下的乡土景观旅游开发提供良好的发展条件。

4. 少数民族地区快速发展与保护特色乡村

党中央十分重视西部少数民族地区的发展,把加快少数民族地区经济社会的发展摆在更加突出的位置,在政策、资金、体制机制上采取有力措施,相继出台若干政策文件,引导推进民族地区经济快速发展。现今,西部民族地区的地区生产总值、财政收入年均以两位数的速度增长,综合经济实力大幅提升;基础设施建设得到加强,生产生活条件明显改善;经济结构加快调整,特色优势产业进一步壮大;生态环境建设力度加大,局部生态明显改善,森林覆盖率明显提高。与此同时,在城镇化快速推进和经济迅速发展的过程中,少数民族地区的自然生态环境、人文环境也面临新的问题和挑战:一是水土流失、荒(石)漠化现象比较严重,生态环保形势仍然不容乐观,人口、资源、环境之间的矛盾日趋明显,制约了一些民族地区经济社会的可持续发展;二是传统民族文化受外来文化冲击较大,面临着建筑风格同化、民族语言式微、民族服饰淡化、民族艺术失传等危机。

2016 年,《"十三五"促进民族地区和人口较少民族发展规划》[10] 提出,根据不同民族地区的自然历史文化禀赋、区域差异性和不同民族的文化形态多样性,发展有历史记忆、文化脉络、地域风貌、民族特点的美丽城镇,形成建筑风格、产业优势、文化标识独特的少数民族特色小镇保护与发展模式。加强西部少数民族地区生态环境保护、特色村寨景观保护和非物质文化遗产保护是促进民族地区经济社会和谐发展的基石，也是乡村振兴战略推进的生态保障和文化根基。

（二）研究意义

乡土景观是民族地域文化的重要标识，也是民族地区旅游富民工程和推进乡村振兴的有效载体。区域人地关系的剧烈变革和人地系统的多样化发展以及经济资源基础约束，使乡村的多功能价值日益凸显。在新型城镇化、美丽乡村建设、乡村振兴以及民族文化遗产保护和国民旅游休闲热等诸多宏观背景下，乡土景观功能的供需矛盾加剧，乡土景观保护与开发的关系亟待疏解。

另一方面的现实是，虽然宏观政策催生了良好的乡村建设和文化保护气象，但实践的偏向凸显了相关理论的部分断层或缺失。从乡村建设的过程和绩效看，快餐式的建设发展模式极易嬗变成传统文化的弱化。广西桂北地区乡村在快速城市化发展过程中也逐步出现同质化、无序化倾向，因此，需要以探究的视角全方位解读新常态下乡土景观的价值，据此提出乡土景观保护的策略与方法，促进乡土景观科学保护与合理开发。

1.理论意义

本书基于城镇化发展和乡村振兴的大背景，从旅游景观和民族文化视角系统地进行乡土景观保护研究，探讨乡土景观的保护体系、发展模式及营建策略，有助于我们重新认识乡土景观的多重功能，丰富乡土景观保护与开发理论。另外，本书尝试综合利用风景园林学、城乡规划学、旅游管理学、环境生态学、民族学等相关学科理论，建立一个系统的、交叉创新性的乡土景观保护理论研究体系，有助于该领域研究的多学科融合发展。同时，本书也符合大力推进生态文明和乡村振兴的客观要求，并能为乡土地域特质化和多样化发展提供理论支撑，为政府制定特色乡村发展策略和政策提供理论依据。

2. 实践意义

在西南山地地区，相对落后的经济水平凸显了发展的迫切性。但表象化、空洞化、千村一面的乡土景象和无序化、城市化、商业化的景观倾向日趋显现，景观规划、乡村建设和文化传承脱节，乡村可持续发展前景不容乐观。如何在城镇化进程中延续地方乡土传统和民族特色，使之适应乡村综合发展和公众多维需求，是一个具有普遍意义的发展命题。本书以桂北地区为实证研究对象，选择乡土景观的典型样本，从不同角度进行乡土景观保护与营建研究，有利于桂北乡土文化的传承与发展，有利于桂北乡村特色营造和社会经济发展。研究成果对于其他地区的乡村景观建设亦具有示范和推广应用价值。

二、研究区域与对象

（一）研究区域

囿于人力物力、科研经费及时间所限，本课题主要选择广西壮族自治区北部区域（桂北地区）为核心研究区域。广西位于亚热带季风气候区，喀斯特地貌山林景观秀美，水系资源充沛富足。广西自古为百越之地，民族文化风情浓郁，内容璀璨多彩，随着历史的发展积淀形成了特有的民俗文化。广西世居着壮、汉、瑶、苗、侗、仫佬、毛南等 12 个民族，少数民族人口总数在全国居第 1 位。

桂北地区乡土景观资源丰富，生态环境优良，森林植被丰富，是我国重要的生态屏障，也是支撑我国西部地区未来发展的战略资源接续地。该地区民俗文化遗存丰富，民族风情多彩多姿，是我国少数民族文化保护和传承的重点区域，同时也是更易受城市化影响的脆弱区域，具有环境脆弱性和文化多样性的典型特征，是城镇化建设的重要区域。桂北地区几千年来一直是汉族和岭南各少数民族经济和文化交流、融合的汇集点，具有鲜明的民族传统文化特色。独特的地域文化孕育了以龙脊梯田为代表的令人叹为观止的农耕文化；形成了以程阳风雨桥、侗族吊脚楼等为代表的独具魅力的民族建筑；催生了以壮族歌仙刘三姐为代表的众多民族音乐人等。在这里，壮族的歌、瑶族的舞、苗族的节、侗族的楼，堪称"广西民族风情四绝"。

（二）实证案例对象

选取研究样本应充分考虑案例的典型性、代表性和差异化，以使研究结论具有典型意义和普遍意义。因此，桂北地区乡土景观保护样本选取主要考虑以下因素：一是顾及多种类型乡土景观，既有以自然风貌为特色的乡土自然景观，以乡村风光为特色的乡土农业景观，以民族村寨为特色的乡土建筑景观，也有反映民族文化、民俗节庆、生态智慧的乡土非物质景观。二是景观所在地多处于少数民族聚居区域，或具有鲜明少数民族符号特征，以突出地域性特色与民族性特点。三是案例地选取具有一定的知名度、典型性、多样化组合及合适尺度等考量。

研究样本主要位于广西壮族自治区桂林市、柳州市境内，主要包括桂林市龙胜各族自治县和平乡龙脊村、恭城瑶族自治县莲花镇红岩村、灌阳县新圩镇小龙村，以及柳州市三江侗族自治县程阳八寨等地。

三、研究内容与方法

（一）研究内容

1. 乡土景观保护模式的建构

梳理乡土景观的相关概念和理论，结合国内外文献解读乡土景观的概念、功能与价值，提出活态化、原真性、参与性、传承性、整体性的乡土景观保护模式，分别从生态博物馆、传统生态智慧、聚落景观意象、乡土文化记忆、乡愁文化景观五个视角探讨乡土景观保护与营建策略，为后文研究提供理论依据。

2. 生态博物馆的优化方案

在梳理生态博物馆概念和研究进展的基础上，选择桂北具有代表性的广西三江程阳八寨和龙胜龙脊壮寨的生态博物馆，记录其运行状况及物质文化景观和非物质文化景观的保护效果，总结并提出生态博物馆的优化方案。

3. 传统生态智慧的挖掘保护

基于生态智慧概念和研究进展的归纳和分析，以广西龙脊古壮寨为样本，通过实地调研和文献梳理，探讨村寨在选址布局、山水环境、农业景观和聚落空间 4 个方面蕴含的传统乡土人居营造智慧，期望将地方性知识运用到乡村建设和保护中，营造具有地域特色的乡土人居环境。

4. 聚落景观意象的提取方法

以景观意象理论为基础，提出乡土景观意象理论框架。基于该理论框架，以程阳八寨游记为线索，对游记中的文本和照片进行分析，提炼程阳八寨结构景观意象和情感意象，总结程阳八寨景观意象特征，最后提出聚落景观意象保护与营造策略。

5.乡土文化记忆的重塑路径

以广西桂林红岩村为例，从自然环境空间、生产劳作空间、聚落交往空间、精神文化空间四个层面总结传统村落景观变迁的脉络，分析乡村空间生产活动中景观元素的变迁，归纳出缺失、消退、加强、演替四类景观变迁类型。基于认知地图和深度访谈进行景观空间解构和景观元素提取，通过对比分析识别景观变迁类型并与乡村记忆关联，从而有针对性地提出记忆重塑路径。

6.乡愁文化景观的营建策略

以桂北五个村落为样本，基于"乡愁"理论体系和"乡愁"景观符号的解析，采用实地调查与问卷调查的方法，分析"乡愁"景观，描述对当地乡村建设的感知，探索桂北乡愁文化景观的营建路径。

（二）研究方法

综合运用风景园林学、城乡规划学、旅游学、生态学、地理学、社会学的基本原理，利用相关分析方法和分析工具展开跨学科交叉研究。主要研究方法有如下4种。

1.文献资料搜集法

一是依托互联网获取文献资料和信息。利用中国知网、中国学位论文万方电子数据库、Springer、Elsevier等，获取前期文献资料500余篇，并利用西南民族地区政府门户网站获取相关权威数据与资料。二是从相关部门搜集资料和数据。走访相关案例所在地的文化旅游局、规划局、环保局、建设局等职能部门以及案例地管理部门，搜集课题所需的统计数据、规划文本和其他资料共计400余册，以及电子文件 100 余份。

2. 田野调查工作法

选择桂北地区有特色、有代表性的典型地区作为实证研究对象，深入当地进行深度访谈、问卷调查、影像记录、实地考察及驻寨体验研究，以此了解认识乡土景观资源特征、景观开发状态和存在问题等，为乡土景观有效保护研究积累第一手资料。课题组共发放问卷 2000 余份，深度访谈 300 余人，掌握了较为翔实的第一手资料。

3. 实证综合分析法

一是进行实证研究区域的横向对比分析。如通过样本对比，分析不同年代生态博物馆在乡土景观保护方面功能性变化与效果差异，提出优化方案。二是深入进行个案分析，如研究桂林市红岩村乡土景观有机更新，研究广西柳州程阳八寨乡土景观意象保护。通过由点及面的研究，发现具有普遍意义的规律，提出具有推广价值的乡土景观保护策略与开发模式。

4. 数学定量研究法

本书在乡土景观意象分析、乡愁景观感知、乡土景观变迁分析等相关研究中，将部分定性指标量化，并利用 EXCEL、SPSS 等软件进行描述性统计分析、方差分析、因子分析、问卷信度检验等相关定量分析。

第 2 章　乡土景观保护的理论框架构建

一、相关概念与理论基础

（一）相关概念

1. 乡土景观

"乡土"对应的英文为"vernacular"，意为本国的、地方的，强调的是一种地域传统，即地域性与传统性。本书的"景观"主要指人类创造或改造的地理文化空间的综合体。乡土并不是一个纯粹的地理概念，而是一种对传统的认知与研究视角，并不完全区别于城市，也不仅仅指代乡村或者农村，只不过因为乡村或农村是地域性、传统性的集中代表区域而成了"乡土"研究的主要对象。综上，乡土景观是当地人为了生产、生活而采取的对自然和土地的适应方式，反映了人与自然之间的关系。乡土与景观的结合既应强调研究对象的空间要素属性，又要强调影响空间要素生成背后的文化行为方式，同时注重研究地域与对象的动态演化特征，由此才能形成完整意义上的乡土景观研究。

2. 景观变迁

乡村景观是一个动态的地域综合体，当受到干扰因素影响时会发生变迁或演替，"景观变迁"的干扰因素包括自然因素和人类活动，后者为主要因素。景观要素的变化是乡村景观变化的基础，当景观要素组合方式发生变化或出现了明显不同的新成分时，景观异质性增加且发生变迁。王云才指出，乡村景观变迁主要表现在一系列乡村景观特征上，包括乡村景观整体意象、乡村景观组成、乡村景观单元的空间位置、乡村景观的区域组合、景观要素之间的拓扑关系、乡村景观环境、乡村景观美学价值和乡村景观统计特征[11]。

（二）理论基础

1. 文化地理学

文化地理学的关键词是"文化"和"空间"，主要研究与人有关的文化现象在空间上的分布规律以及与周边地理环境之间的关联，而文化始终是研究的出发点。其研究方法大致分为以下几类：横向空间——侧重地域差异；纵向时间——侧重历史变迁。文化地理学视阈的"乡愁"景观的核心在于乡土文化的保护与传承，属于文化景观的范畴。乡愁景观可以是一棵老树、一口古井，也可以是记忆中的一种美食、一首乐曲，它是由人类活动塑造的、有一定历史的、具有特殊的文化价值和地方特色的某种标志物。

2. 乡土美学理论

"乡土"与故乡相近，更多地包含了一种诗意栖居的涵义，但又是现实的存在。乡土美学应区分于美学，是一种美学体系的重建，这种现象产生于中国现代化背景之下。乡土美学的兴起源自于中国以土地为生活重心的"乡恋"情结，是传统文化下的乡土审美，也是当今各种文化竞争碰撞的结果。乡土美学的研究有以下两个层次：一是作为学科的理论建设；二是具体审美实践活动中所表现出的审美理想。

乡土美学理论广泛应用于乡村景观建设中，无论是在村庄规划、村庄建设、生态环境建设方面，还是在加强对古迹、文物等保护方面，以及利用乡村"四旁四地"等非规划用地进行绿化，都需要乡土美学理论用以指导乡村建设。乡土美学理论的运用使乡村景观建设在实用性的基础上也力求视觉上的美观。营造乡村景观需要以乡土美学理论为基础以传承乡土文化。

3. 乡土记忆理论

乡土记忆理论是基于集体记忆之上的。集体记忆是历史记忆中选择出来的一个部分，具有精神性和物质性，比如一座纪念碑是一种象征符号，也是具有某种精神含义的载体。乡土记忆狭义上指的是乡村居民对乡村总体印象的认知意向；广义上包含了对乡村的认同感、归属感，是一个动态的、连续的、不断构建的过程，是一种乡村居民们所共享的集体记忆，具有传承性、集体性、现实性等特征。

乡土记忆理论对于宏观指导"乡愁"景观的重塑和建设有一定意义。在乡村振兴战略中，一方面要保护传承乡土记忆的场所，另一方面要运用该理论提取"乡愁"景观元素、重构记忆场所，重塑值得回味的场景，营造一个能够让人产生认同感、归属感的景观空间，让人们内心"乡愁"的情感有可以寄托的地方。

4. 空间场所理论

空间场所理论的主要涵义包括：文化空间、场所精神及景观意象。

文化空间通常解释为一个可集中举行传统文化活动的场所，也可以理解为定期举行特定活动的时间。文化空间是人类学角度的概念，也指文化与时空一体化下的某些濒危的文化传统。按照民间古老习惯确定的时间和固定场所举行的传统大型民间文化活动，就是非物质文化遗产的文化空间形式，比如庙会、歌会、集会等。

场所精神是指存在于场所中的总体氛围。特定的自然、人造环境和地理条件构成了场所的独特性，体现了场所创造者们的存在状况和生活方式。人们只有通过对场所的定向和认同才能体会场所的精神，在场所中找到方向，继而产生安全感和认同感，认识到自身存在的意义。当人们可以和环境融为一体的时候，他们就在场所中找到了"存在的立足点"。

景观意象就是能够体现当地历史、人文、特色或能反映地域、场所精神，并能被大众理解的单一景观元素。我们将外形上或地域上关联较小的事物用意象的理论联系起来，形成关联，最终营造一种场所精神。

二、乡土景观功能与价值

乡土景观具有保护与维持生态环境平衡、提供农产品的第一性生产等方面的生态生产功能，具有传统农业美学欣赏和旅游游憩功能，以及具有符号意义的文化记忆和传承等功能。

（一）乡土景观的生态生产功能

乡土景观的生态功能主要表现为维持乡村生态环境的平衡，保持乡村景观的稳定性，具体表现在乡土景观与流的相互作用上，当水、风、土流及人工形成的能流、物流穿越景观时，景观具有传输和阻碍两种功能及自我调适作用。理想的乡土景观显示出良好的生态性特征。农民进行农业耕作的时候因地制宜，充分尊重当地环境特征，采用和自然环境相协调的土地利用方式，促成了景观的丰富性和各种要素的协调。具有生物多样性的半自然栖息地，是一种让人感觉适宜的乡土环境，生物多样性、景观丰富性和各种要素的协调性三者共同构成了乡村景观的生态环境功能。

乡土景观的生产功能主要指乡土景观的物质生产能力。不同的乡土景观的物质生产能力表现的形式不同，但共同的特征是为生物生存提供了基本的物质条件，主要包括自然景观的生产功能和农业经济景观的生产功能两部分。自然景观的生产能力体现为自然植被的净第一性生产力，即绿色植物在单位时间和单位面积上所能累积的有机干物质，包括植物的枝叶和根系等的生产量以及枯落部分数量。乡土农业景观的生产能力一方面体现为农用土地的产出，人类通过利用土地种植农作物，满足了日益增长的人类的基本生活需求；另一方面体现为负向的物质生产，即人类为提高土地的生产量及受城市化影响改变了传统的耕作模式，化肥、农药的大量使用不但造成了土地的退化，而且对乡土环境产生严重的污染。

桂北民族地区具有良好生态功能的乡土景观典型形式为"风水林"。风水林是指为了保持良好风水环境而特意保留的树林，为桂北和西南民族地区的特色。不少村落在选址时，考虑到风水上的因素，通常会选择靠近或种植茂密的树林，令其成为村落的绿带屏障。由于村民相信风水林会为村落带来好运，因此他们都会主动保护风水林。村民朴素的风水观、生态观和造林意识，客观上为维护乡土生态环境起到了积极的作用。其主要形式包括：（1）一些建在山坡上的建筑，往往在后山种植树木，俗称龙座林。如果后山没有树林，山体就会被雨水冲刷，建筑周围的风力也较大。（2）位于河边湖畔等水体旁的建筑，需要围绕建筑在河边或湖边种植树木，俗称下垫林，以避免整体景观头重脚轻，也能有效防止水土流失。（3）坟墓周围种植的树林，庆祝结婚种植的树林，生育的添丁林，新屋建成的新房林，在一定意义上也属于风水林。

（二）乡土景观的美学游憩价值

由于城市的快速增长发展，生活在都市中的人群日益感到生活空间狭迫、生活节奏紧张、环境污染严重，人们渴望走出城市，到环境优美的乡村中去，欣赏乡村美景，感受乡土人文气息，从而带来了乡土景观旅游热潮的空前高涨。乡土景观的美学游憩价值主要体现在以下几方面 [12]。

1. 乡村环境自然之美

桂北之地多山水，自然山水是乡村景观框架的基础和大背景。自然环境景观是山水、地形、地貌和气候条件等影响下的乡村环境表征，其鲜明特点是生态性和多样性。乡村的山体大多郁郁葱葱，生态环境优美，乡村环境的自然生态性也表现了人与土地的和谐关系。山体的形象、植被的外貌由于受晨昏光影、季节更替以及气象因素的影响，往往呈现出不同的景象，显现出多样性季相景观。另外，从传统山区聚落布局来看，依山傍水、山环水绕是传统聚落和建筑选址的基本原则和基本格局，这本身就是一个典型的具有生态学意义的例子。这种聚落环境与自然环境巧妙地结合为一个有机整体，更赋予了乡村恬静之美和自然之美。这种环境正是都市人所缺少和渴望的，它一方面提供城市居民对乡村自然美的欣赏空间，另一方面在城市居民精神生活日益被商品化、工业化异化的今天，有助于城市居民重构心灵家园。

2. 农业景观形式之美

农业景观通常由农作物、防护林带、道路、水渠等元素形成的大小不一的镶块体或廊道构成。块状的农田、条带状的田埂、水渠，相互交错的这些色彩不同的单元形成了景观的大背景。在此背景上点缀树木、防护林带、耕作的农夫，形成生动和谐的乡土大地艺术景观。不同地域的农业景观形成了不同的地域色彩，产生了各异的形式美的美学体验。不同种类的农田在不同的季节里形成的色彩、肌理、线条、尺度等，凸显了不同的形式美感。农田景观开阔，田埂形成富有韵律的节奏感，水田在耕种之前，犹如一面平镜倒映着天空。生长作物时，又如铺在大地上的绒毯，并随季节改变着颜色，使得农田具有统一美、韵律美、自然美和动态美。广西龙胜充分依托自然环境，依山势修建了栽种水稻的梯田，并通过不断地维护而使之保持了上千年，创造了稳定的亚热带山地梯田农业景观，景观层次丰富，是人与自然和谐相处的精妙之作，也是农业景观形式之美的典型代表。另外，民族地区通过种植特色农作物种，营造了令人惊叹的农业景观美景，如云南罗平油菜花、贵州安顺油菜花、广西南丹油菜花景观，成为当地富有吸引力的旅游资源。

3. 聚落建筑文化之美

聚落景观是构成乡村景观的重点，传统乡土聚落景观成为乡村景观吸引力的重要组成部分。聚落景观由建筑、构筑物和建筑外部空间构成，以建筑群构成的景观氛围为主体。聚落是人类活动的中心，它既是人们居住、生活、休息和进行各种社会活动的场所，也是人们进行劳动生产的场所，乡村聚落规模的大小以及聚落的密度，反映了该地区人口的密度及其分布特征；各地区不同的文化特色、经济发展水平，各民族的生产、生活习惯，该地区的土地利用状况和农业生产结构等，无不在农村聚落中得以体现。聚落景观是乡村最显而易见的文化景观，其产生依附于使用的需要，注定了其拥有原生、自然、质朴、乡土韵味以及文化之美。传统乡村聚落建筑形态丰富而不繁杂，其形象、色彩、质感、光影等，与功能、材料和结构浑然一体。由于自然条件和社会因素的差异，桂北传统聚落建筑呈现不同的形式和风格，如少数民族地区的吊脚楼、风雨桥。除了形式和风格的差异，凝结于建筑中的文化，如建筑理念、艺术装饰、文学作品等，都是聚落景观旅游的主要元素，也是聚落建筑文化之美的体现。

侗族分布在湘桂黔交界地区，其地僻处苗岭南麓，由于深受山区地形和潮湿气候的影响，几乎都建干栏式建筑、鼓楼与风雨桥，是侗族聚落特有的标志。侗族鼓楼是杉木结构的塔形建筑物，底为四方形，上面为多角形，有四檐四角、六檐六角、八檐八角等不同类型。层数均为单数，三、五、七、九层不等。鼓楼全用杉木为材，结构复杂，造型壮丽，有宝塔之英姿，楼阁之俊美。侗寨风雨桥，桥身全用杉木横穿直套，孔眼相接，结构精密，不用铁钉联结，别具一格。桥廊里设有长凳，供人歇息凭眺。风雨桥不仅便利行旅，还是侗家人欢唱歌舞、吹笙弹琴、娱宾迎客的游乐场所。

壮族干栏式建筑，也叫吊脚楼，大多依山傍水面向田野布局，一般一个寨子一个群落。建筑多为两层，上层一般为 3 开间或 5 开间，住人；下层为木楼柱脚，多用竹片、木板镶拼为墙，可作畜厩或堆放农具、柴禾杂物。楼梯在屋内一侧，楼上前边为宽敞的走廊，用栏杆或半块板壁围住。进大门是堂屋，一边有火塘，后房和侧房是卧室。粮仓多设于住房旁边，房前竖立着一排丈许高的挂禾架，通称禾廊。干栏自下而上排成几行，自上向下辐射开来，中留通道，有的通道是石级，一条小路沿着山坡通向家门，一户门前一条路。村寨中家家相通，连成一体，就像一个大家庭。在坡度较大的山脚，人们常将屋基垒成了梯田式，每一级横向排列若干干栏，平行伸展开去，有时上一排屋基与下一排屋顶齐平，形成风情浓郁的"梯田式山寨"。

4. 乡村生产生活之美

具有生产能力是土地能够使人产生美感的前提，它给人类提供了衣食之源，使人们对它产生深厚的感情甚至依赖。因此对乡村景观的审美体验，在很大程度上基于农业用地的生产性。乡村景观也反映了人类创造并传承、保存至今的生产生活经验，蕴藏着十分丰富的美学内容。传统农业耕作技术与经验强调天人合一和可持续发展，传统农业生产工具代表着时代或地域的农业技术发展水平。传统农耕信仰、传统工艺技术、民间文学艺术等非物质乡土文化景观也是文化的延续，具有极强的旅游吸引力。除此之外，乡村景观立足于乡村生活，乡村景观动态参与，人们与耕地、池塘、果林的近距离接触，以及对农业劳作和农具美的情感关注，收获的不仅是单纯的精神满足，更是带有超越性质的心理愉悦及审美的快适。

5. 民俗风情体验之美

中国是一个多民族的国家，民族民俗文化丰富多彩。民俗文化是一种活动的文化形态，包括语言、服饰、饮食节庆活动、民俗娱乐等，是乡村旅游中很有吸引力的项目。西南地区如广西、云南、贵州、四川等少数民族聚居地，民族风情浓郁，民俗形式多样，具有与城市景观截然不同的异趣之美。如侗族的大歌、三月三抢花炮节、斗牛；苗族的坡会、芦笙踩堂、竹竿舞；瑶族的盘王节、祭春节、达努节、耍歌堂、赶鸟节；傣族的泼水节、关门节和开门节，以及堆沙、泼水、丢包、赛龙船、放火花及歌舞狂欢等活动，参与体验这些活动对城市居民具有很大的吸引力。

（三）乡土景观的文化记忆功能

旅游人类学家彭兆荣对乡村的解读富有深意，他认为乡村"理想的风景画"主要表现为：优美的风景画、别致的风俗画和异族的风情画[13]。乡村应完好地保存农村传统生产、生活习俗以及歌舞、服饰，保持鲜明的民族特色，而不是像现代社会那些"做出来"的民族民俗村。现代语境下的乡村，除了优良的环境、优美的风景外，其独特的、活化的文化表达和文化记忆功能尤为重要。

1. 乡土景观是独特的地域烙印

我国地域辽阔，文化多元，不同地区自然条件差异较大，气候类型和地貌类型多样，文化积淀程度也不尽相同。各族人民为了适应所处地域自然生态环境和文化氛围，根据自身生存发展的需要，形成了具有地域特色的乡土风貌和建筑风格，使得各地乡土景观具有浓郁的地方风情和乡土特色，形成了独特的地域文化。另外，乡土景观融合了自然景观、半自然景观和人工景观，有森林、河流、农田、果园、居民点等各种组合，具有丰富的地域特征。正是由于地域自然地理和人文特点的不同，各地乡土景观具有较强的差异性和异质吸引力。但在全球化的今天，城市建设越来越趋同，乡村也跟着这种时代的脚步，部分地区出现了"千村一面"的现象，失去了地域特色。

2. 乡土景观是活化的文化史书

乡村有良好的生态环境和田园风光，那里也是人类生活和生产的重要空间，有人类文明的存在。人是乡村的主体，乡土景观是人为适应环境而形成的直接结果，作为人类生产、生活的重要空间，是社会与文化的直接载体，记载着当地社会文化的发展历程，讲述着人与土地、人与人，以及人与社会的相互关系。乡土景观是活化的文化史书，反映了当地的社会文化发展状况。乡土景观也记载着一个地方的发展历史，包含着地域发展必有的自然和社会历史信息。一棵满载历史年轮的古树、一段历经风吹雨打的残桥、一方承载前人足迹的庭院小舍，使得地域独有的历史文化轮廓渐渐清晰起来。

3. 乡土景观是乡愁记忆的有效载体

随着城镇化进程的快速推进，"城市病"日趋凸显，精神家园逐渐迷失，乡村记忆日渐模糊，乡愁思绪越发浓郁。乡村记忆是乡村文化的直接凝结和体现，是由乡村独特传统逐渐内化而成的乡民的思想观念与认知习惯。传统乡土景观具有延续乡村记忆、记住乡愁的核心功能。在生活实践中，乡村记忆具有相对的独立性和完整性，不仅体现为情感心理、生活情趣等无形的东西，也表现为典章制度、生活器物、建筑器具等有形的物质景观；乡村记忆不仅凝聚了乡村的历史，反映着既定的"场域"，也是一个不断被创造、丰富、发展和传承的动态过程[14]。

在现代社会，乡村依然是与城市工业文化相对立的一种文化存在，许多城里人生活在都市却处处以乡村为归依，有"乡愁"情结。在人们的记忆中，乡村是安详稳定、恬淡自足的象征，故乡是人们魂牵梦绕的地方。较之工业的高度发展，农业的缓慢发展可以给人以安全稳定、千年平衡的印象。相对于城市的狂躁、复杂与多变，乡村则有着更多诗意与温情，它承载着乡音、乡土、乡情以及古朴的生活、恒久的价值和传统。在城市化背景下，乡村依然是人们心灵的寓所，并更加稀缺而珍贵。

记得住乡愁的乡村，是中国五千年文明之载体、文化之根基。记得住乡愁的乡村，是中华民族的精神家园、人类文明的遗产；记得住乡愁的乡村，携带着中华文明演化的基因、文明兴衰的规律。以乡村为载体、以乡村为根基的中国五千年乡村社会在演化过程中形成的乡情、乡思、乡恋，已经融合于中华民族的血液和中华文明的基因之中。从文化财富和精神价值看，让我们记得住乡愁的乡村，承载着城市无法找到、金钱无法买到、物质无法替代的精神与文化食粮。

（四）乡土景观价值表现的典型形式

1. 中国传统村落

传统村落是指拥有物质形态和非物质形态文化遗产，具有较高的历史、文化、科学、艺术、社会、经济价值的村落。为促进传统村落的保护和发展，住房和城乡建设部、文化部、国家文物局、财政部、国土资源部、国家旅游局等部门联合组织开展了全国传统村落摸底调查，自2012年住建部、财政部等部委启动传统村落保护工作以来，已公布5批传统村落名录，6819个村落被纳入保护范畴，其中广西壮族自治区共有280个。传统村落历经历史沿革，建筑环境、建筑风貌、村落选址未有大的变动，具有独特民俗民风，虽经历久远年代，但至今仍为人们生活而服务。传统村落中蕴藏着丰富的历史信息和文化景观，是中国农耕文明留下的珍贵文化遗产。

2. 中国景观村落

中国景观村落评选活动是由中国国土经济学会中国古村落保护与发展专业委员会于 2007 年开始主办的一项评选活动，截至 2018 年已举行了九届。广西三江程阳八寨、龙胜金竹壮寨、贺州下白寨、桂林张家崎、北海涠洲岛城仔村、北海涠洲岛圩仔村等入选中国景观村落，龙胜金坑大寨、雷山乌东水系入选经典村落景观。

中国景观村落主要特征包括：（1）有优美的山水环境，有数百年以上的建村历史。村落里有一定存量的传统建筑和人文景观，具备景观的独特性、文化的多样性、审美的艺术性。（2）村落环境布局与山水自然浑然一体，不仅构筑了一个有利于子孙后代生存繁衍的生活空间，而且营造了一个富有诗意和哲理的精神家园，富有厚重的历史感和怡情养性的审美情趣。（3）在丰富的物质与非物质遗产中，承载着丰富的历史信息，具有史考、史证、史鉴的学术价值和远足游历、寻根问祖、休闲度假的多重价值。村落景观是由两个以上互相关联的村落元素组成的一个生活空间。

经典村落景观主要是指在那些已经不具备整体历史风貌的村落中，依然保存和保护着历史遗存的村口（水口）、广场、巷道、驿道、宗族与信仰文化建筑群等。在这些局部空间我们可以看到山、水、林、木、水系、干道、桥梁、信仰与宗族文化建筑等自然和谐地相互依存，形成一个不可缺一的整体。置身于这样一个空间，能给人以穿越时空的美感。经典村落景观足以成为久远历史的见证，甚至成为该地域文化的一个坐标。

3.中国少数民族特色村寨

2009年，国家民委与财政部联合开展了少数民族特色村寨保护与发展试点工作。自试点以来，少数民族特色村寨保护与发展工作广泛开展，涌现了一大批民居特色突出、产业支撑有力、民族文化浓郁、人居环境优美、民族关系和谐的少数民族特色村寨，在保护少数民族传统民居、弘扬少数民族优秀文化、培育当地特色优势产业、开展民族风情旅游、改善群众生产生活条件、增加群众收入、巩固民族团结等方面取得了显著的成效[15]。为更好地推动少数民族特色村寨保护与发展工作，国家民委组织开展了少数民族特色村寨命名挂牌工作，分别在2013年和2017年下发了《国家民委关于印发开展中国少数民族特色村寨命名挂牌工作意见的通知（民委发〔2013〕240号）》[16]和《国家民委关于命名第二批中国少数民族特色村寨的通知（民委发〔2017〕34号）》[17]。截至2017年，全国共有1057个村寨入围首批"中国少数民族特色村寨"，其中广西壮族自治区有97个少数民族特色村寨入选。

4.全国特色景观旅游名镇名村

2006年，住房和城乡建设部、国家旅游局启动推进全国特色景观旅游名镇名村示范工作。该工作对唤起百姓积极性、推进乡镇全面发展、促进美丽乡村建设具有重大意义，也促进了乡村自然和人文资源的保护，促进了乡村旅游业发展和村镇经济发展方式转变，解决了生态环境保护和村镇建设管理的一些难点问题。自2010年以来，住房和城乡建设部和国家旅游局公布了三批共553个国家特色旅游名镇名村（第一批105个、第二批111个、第三批337个），广西有19个特色旅游名镇名村入选（第一批3个、第二批5个、第三批11个）。到目前为止，特色旅游名村名镇景观风貌恢复和保持了其本身独具的特色，旅游业发展成绩突出，人居环境显著改善。

5. 全国休闲农业与乡村旅游示范县、全国休闲农业示范点

休闲农业是以增加农民收入和促进新农村建设为目标，融合生产、生活和生态功能的新型农业产业形态。乡村旅游是以农耕文化、民俗风情、生态环境等作为体验对象，主要面向城市居民，满足他们乡村观光、度假、休闲等需求的旅游产业形态。发展休闲农业与乡村旅游是我国推进农业功能拓展、农业结构调整和促进农民增收的重要举措，是推进城乡一体化发展和推进乡村振兴的有效途径，也是丰富我国旅游产品体系的重要内容。截至 2021 年，全国休闲农业和乡村旅游示范县 175 个（2011 年 32 个、2013 年 38 个、2014 年 37 个、2015 年 68 个），全国休闲农业示范点 436 个（2011 年 100 个、2013 年 83 个、2014 年 100 个、2015 年 153 个）。其中，广西有全国休闲农业和乡村旅游示范县 5 个（2011 年 1 个、2013 年 1 个、2014 年 1 个、2015 年 2 个），全国休闲农业示范点 15 个（2011 年 4 个、2013 年 3 个、2014 年 3 个、2015 年 5 个）。

6. 非物质文化遗产保护单位

《保护非物质文化遗产公约》[18] 提出，非物质文化遗产是指被各社区、群体（有时是个人）视为其文化遗产组成部分的各种社会实践、观念表述、表现方式、知识、技能，以及与之相关的工具、实物、手工艺品和文化场所。非物质文化遗产是以人为本的活态文化遗产，它强调的是以人为核心的技艺、经验、精神，其特点是活态流变。非物质文化遗产涵盖五个方面的项目：（1）口头传说和表述，包括作为非物质文化遗产媒介的语言；（2）表演艺术；（3）社会风俗、礼仪、节庆；（4）有关自然界和宇宙的知识和实践；（5）传统的手工艺技能。非物质文化遗产的最大的特点是不脱离民族特殊的生活生产方式，是民族个性、民族审美习惯的"活"的显现。它依托于人本身而存在，以声音、形象和技艺为表现手段，并以身口相传作为文化链

而得以延续，是"活"的文化及其传统中最脆弱的部分。

我国是历史悠久的文明古国，拥有丰富多彩的文化遗产。非物质文化遗产是文化遗产的重要组成部分，是我国历史的见证和中华文化的重要载体。自 2006 年开始，国务院批准文化部确定的国家级非物质文化遗产名录共计五批：第一批 518 项（扩展项目 147 项），第二批 564 项（扩展项目 510 项），第三批 349 项（新入选 190 项、扩展 159 项），第四批 298 项（新入选 151 项、扩展 147 项），第五批 337 项（新入选 198 项、扩展 139 项）。其中广西壮族自治区共有 72 项（第一批 19 项，第二批 8 项，第一、二批扩展 9 项，第三批 9 项，第四批 10 项，第五批 17 项）。

三、乡土景观保护模式与方法

（一）活态化保护：生态博物馆的调查与优化 [1]

1. 优化乡土生态博物馆建设

生态博物馆是为社区居民追溯历史、掌握和创造未来服务的特殊博物馆形式，即将各少数民族社区特有的自然和文化遗产整体保护并保存在该社区原生地和原生环境中，而不是保存在博物馆建筑里。少数民族社区的自然风貌、建筑物、生产生活用品等物质和非物质的所有文化因素均在保护之列，其保护对象是一个鲜活的文化整体。如广西三江侗族生态博物馆位于湘桂黔三省区交界处，范围包括 9 个侗寨，是三江侗族木建筑最集中、保存最完好的地区，也

---

① 本书第三章论述了基于生态博物馆的乡土景观保护模式。

是南部侗族文化的典型代表。在生态博物馆内可以感受到侗族同胞平常真实的生活，生态博物馆形式有利于乡村非物质景观的活态与整体保护。

2. 活态传承非物质文化景观

建立文化传承人（传承单位）的认定和培训机制，鼓励非物质文化遗产的传承和传播，扶持资助他们通过带徒传艺、举办相关传习班等形式培养新一代传人。如广西柳州国家级民间艺人的传承人有杨似玉（三江侗族木建筑技师，2007 年国家级非物质文化遗产项目代表性传承人）、吴光祖和覃奶号（侗族大歌歌师，2008 年国家级非物质文化遗产项目代表性传承人）。对已经失传的文化景观，可以通过专家挖掘考证，结合乡土文化教育使之逐步在民间重现。同时，以三江县"侗族大歌进校园"等成功经验为基础，继续开展非物质文化遗产项目进校园活动，把非物质文化技艺列入中小学校教育内容，探索解决传承难的问题，培养后继人才。

（二）原真性保护：生态智慧的挖掘与利用 [①]

1. 挖掘利用乡土生态智慧

生态智慧是指各少数民族在长期的生产实践中，逐渐理解适应复杂多变的生态环境关系并在其中健康生存和发展下去的主体素质，从而使之具有生存实践的价值。传统民族生态智慧观中的"究天人之际""天人合一"等朴素的理念，民族生态智慧中以人类与生态环境共存的价值取向，人与自然和谐相处的人类文明形态，都为当今生态价值观缺失的社会树立起一种生态伦理精神标杆，并以此指导经济建设中对乡村聚落、自然生境的改造行为。

---

① 本书第四章论述了基于生态智慧的乡土景观保护模式。

2. 维护乡土景观"真实性"

"真实性"原则是反对伪民俗的重要武器，主要包括保持乡土环境氛围的真实性、景观遗产地真实性、乡土活动的真实性。应着力保护乡村独特的地方文化遗产景观和鲜明的民族特色，避免民俗风情景观过度舞台化、商业化、虚伪化开发，使公众能感受到乡村风土风貌的原真形象。提倡乡村景观的本真性，还原真实的少数民族传统生活景观，提高游客的景观体验价值，可以通过景观情境打造的方法，动态展示民俗风情景观。桂北民族地区乡村旅游开发，应依托当地丰富的民族文化资源，充分挖掘乡村独特的民族风情和文化景观，形成以民族文化体验为核心的风情景观系列产品。

（三）参与性保护：景观意象的提取与营造 [1]

1. 坚持公众参与，保护乡土旅游景观意象

公众参与保护已成为国外历史文化遗产保护的一个重要特点，它渗透到保护制度的诸多方面。乡土文化景观与当地居民生活密切相关，其保护与开发会牵涉到居民各方面利益，使公众参与成为可能和必要。只有当乡土文化保护和开发的价值成为一种公众意识时，其保护与开发才可以顺利实施，否则，任何保护政策都不可能长久。另外，基于公众参与的景观意象提取也是乡土景观保护体系的主要组成部分，可有效指导乡土景观保护与开发。

2. 保持乡土景观，营造乡土文化景观意象

独具特色的田园风光是开展农业观光的重要资源，乡土景观的开发应保持并营造这种亦农亦旅、农旅结合的田园风光。主要做法有：一是把农耕生活的典型景观符号（如垛场、荷塘、水车、石碾、戏

---

[1] 本书第五章论述了乡土景观意象保护与营造模式。

台）提炼并再现，真实展现农耕场面。二是乡土景观建设区别于城市，不要太洋气，要土气、接地气，不应过多出现 KTV、酒吧等与农耕文化相左的景观。三是集中展示由农民在长期农业生产中形成的文化景观，包括农业生产景观、水利工程景观、农田景观、作物遗存、仓储遗迹与遗物等。

3. 立足自然环境，开展多样农业休闲活动

立足良好的自然环境，开展以下活动：（1）以果林观光、瓜果采摘、生态餐饮、花卉园艺观光、禽畜鱼猎获、家庭农副产品加工参与体验、农业劳作体验、农家渔家生活体验等为主要活动形式的乡村休闲游；（2）以观景游览、康体健身、生态养生、山野运动等为主要活动形式的森林休闲游；（3）渔猎及渔家休闲游则主要指以鱼塘为基础开展活动，以渔家生活、渔船生活为依托的垂钓、捕鱼等休闲渔家乐旅游。

（四）传承性保护：乡土记忆的延续与重塑 [①]

1. 强化乡土景观可辨识性

景观的可辨性一方面强调新农村建设不可一味模仿城市，须灵活布局，反映地域特色。整齐划一的楼房、宽阔的水泥路面只会使乡村更加城市化，使乡村与城市的差异缩小，使乡村景观意象更加模糊，导致景观吸引力的降低。另一方面，乡村景观的开发特别是对古村落、古民居、民族村寨的景观开发建设，应强化古建筑、古树、炊烟、传统服饰等乡村景观识别性标志，增强可辨性。

2. 维护典型乡土建筑风貌

乡土建筑景观是各民族乡土文化的表现，是乡土历史的载体。乡

---

① 本书第六章论述了乡土记忆传承与景观空间重塑路径。

土建筑风貌的维护体现在对旧建筑的整治、保护和新建建筑控制两个方面。新建建筑应结合地域文化特色，延续乡土建筑的风格。对旧建筑的整治和保护在坚持修旧如旧、保护外貌、整修内部的原则上，可以对建筑进行必要的改造、改善、更新、整饬等。如广西柳州中渡古镇建筑风貌整治过程中，深度挖掘中渡古镇文化底蕴和历史沉积，依托中渡悠久的商业历史和古镇文化，对工艺品商铺和旅游服务设施进行景观化处理，营造古街气氛；对罗公馆、中渡县参议会旧址、古商号旧址等重要遗址遗迹，按原有结构修缮后以保护为主，仅供游客参观。

3. 遵循乡土景观有机更新

乡土景观有机更新就是在尊重现存的传统文化与民俗风情，传承业已形成的空间肌理和发展格局，满足社会经济发展需要等原则基础上，对村庄这一有机整体进行循序渐进式的更新、整治与改造。在现代文化洪流的冲击下，少数民族景观必须在整体保护的原则下，立足当地原住民发展需求和文化保护传承需要，进行适应性保护和有机更新规划设计。

（五）整体性保护：乡愁景观的保护与建设 [1]

乡土景观包涵了有形的环境、建筑、空间肌理等物质文化景观和无形的民俗氛围、宗教信仰、社会结构等民间非物质文化景观，反映了根植于地方的传统文化。保护与延续地域文化景观是唤醒乡愁的重要保护方法，需要运用整体性视角对文化景观进行保护。"整体性"原则表现在两个方面：乡愁文化景观保护框架整体性和保护尺度整体性。保护与建设从整体着手，以乡村文化景观资源和村落要素之间的

---

[1] 本书第七章论述了乡愁文化保护与乡村景观营建策略。

关联性作为切入点，着重把握乡愁感知在乡村保护与开发中发挥的重要作用，充分考虑各类文化景观遗产对城镇乡村的综合价值，协调政府与设计者、开发商与居民等的不同诉求，总结村民和游客的乡愁景观感知，并通过对乡村的景观格局、建筑聚落、文化符号的文化景观资源进行整合，进而制定整体性保护策略。

四、结语

近年来，在我国乡村振兴战略和新型城镇化的背景下，乡村在建设、发展的同时也面临困境，乡土景观遗产价值趋于弱化，乡村文化与聚落景观遭到冲击或产生潜移变迁，由此带来景观吸引力的减弱，反映出乡土景观开发保护的无序与乏力。

乡村是人类原生态的地域空间系统，拥有城市地域无法替代的经济、社会、生态等功能。城乡一体化的发展进程，不能简单地理解为乡村与城市同步。乡村振兴背景下的乡村发展是一个"硬件"（物质）与"软件"（文化）相互促进的过程，也是乡村风貌和乡村文化挖掘、保护、融合的过程，乡村发展应保护自然景观、传承与弘扬人文景观，从而带动乡土空间整合。基于此，本章节在梳理乡土景观相关概念和理论的基础上，总结归纳乡土景观的功能与价值，并提出本书的核心内容：活态化、原真性、参与性、传承性、整体性的乡土景观保护模式，为后续章节的论述提供理论框架和基础。

第 3 章　基于生态博物馆的乡土景观保护

一、选题背景与研究进展

（一）选题背景

"少数民族文化是中华文化的重要组成部分，是中华民族的共有精神财富。""加强对少数民族文化遗产的挖掘和保护，繁荣发展少数民族文化事业"是我国今后一段时期的一项重大的战略任务[19]。伴随着我国城镇化进程的加快推进，昔日相对闭塞的少数民族地区正面临着外来文化的不断冲击，一些珍贵的民族文化遗产景观正以惊人的速度面临消亡。

业界普遍认为，生态博物馆理论运用于民族文化景观保护，是民族文化遗产保护的一条新路子，具有模式上的独特性和实践上的有效性[20]。在研究的过程中发现，广西的生态博物馆建设模式有所差异，保护效果也不尽相同。我们希望在此方向深入研究，力求提出生态博物馆的优化方案，以便更大程度地发挥生态博物馆在少数民族地区文化景观保护中的推广应用价值，促进民族地区特色村寨建设和社会经济效益提升。

（二）概念界定

1. 生态博物馆

生态博物馆（Eco-museums）概念最早于1971年由法国人类学家里维埃提出，他强调环境的存在、实验性质和社区作用，以及处于不断进化中的特征。里维埃将生态博物馆与传统博物馆进行对比，提出如下概念公式："传统博物馆：建筑＋收藏＋专家＋观众"，"生态博物馆：地域＋传统＋记忆＋居民"。现在被普遍接受的观点是，生态博物馆"是由公共机构和当地居民共同设想、共同修建、共同经营管理的一种工具；是当地人民关照自己的一面镜子，用来发现自我的形象；同时也是一面能让参观者得以深入了解当地产业、习俗、特性的镜子"[21]。其中关于公共机构和公众参与的观点，镜子和工具的观点，实验室、学校与保护中心三功能的观点，被公认为生态博物馆的主要原则，同时也强调保护文化遗产的真实性、完整性和原生性[22]。

2. 文化景观

文化景观是人类在地表活动的有形和无形产物，它反映了一定区域的地理文化特征和时空特征，具有地域差异性和文化符号属性。按形态特征不同，分为物质文化景观和精神文化（非物质）景观。前者具有可视性特点，如民族地区聚落、农田、道路、服饰等，其产生与人类的生产生活密切相关；后者是在客观物质环境的作用下人的文化行为所创造的产物，主要通过视觉以外的其他感官感知，具有一定的符号意义和场所属性，如语言、宗教、音乐、信仰等。

（三）国内外研究现状

全世界的生态博物馆已发展到 300 多座，较知名的有挪威图顿生态博物馆、加拿大霍特毕斯生态博物馆、法国克勒索蒙特索矿区生态博物馆等。中国于 1998 年与挪威合作建立了第一座生态博物馆——贵州六枝梭嘎生态博物馆，之后生态博物馆以一种有效保护模式的态势出现在西南少数民族地区（注：中国东部地区则以浙江安吉生态博物馆为典型代表）。

当前国内外研究生态博物馆的相关课题研究大概集中在如下几个方面：（1）生态博物馆本质的研究。如里维埃研究了生态博物馆的定义；哈姆雷和霍兰德在 1995 年列出生态博物馆的 18 项指标；意大利学者奇奥·马吉在 2011 年列出了 100 个生态博物馆的相关术语；（2）生态博物馆与社区关系研究。如社会学者杰拉德·柯赛提出生态博物馆功能要点：允许居民参与，重视项目过程，全面理解各种遗产资源，可持续发展，负责任的旅游等；孙九霞研究社区参与和利益相关者之间的关系，强调将文化遗产与其生产者、所有者纳入共同发展的生态博物馆平台；（3）生态博物馆保护与发展关系研究。生态博物馆肩负着保护社区文化遗产和提高社区居民生活水平的双重责任，但保护民族文化的同时，也可能产生冲击；（4）生态博物馆价值评估研究。如彼特·戴维斯提出的生态博物馆评价体系；（5）管理和保存文化、社会遗产研究。主要集中于贵州生态博物馆深度追踪研究和多学科综合研究，如《贵州生态博物馆的实践与探索》《从挪威观点看贵州省生态博物馆》等。

总结前人研究成果可以看出，生态博物馆理论研究较多，建设绩效评价研究相对较少。就研究案例地而言，贵州居多、广西偏少。普适的、有效的生态博物馆模式需要进一步通过实践检验并加以校正优化，才能在少数民族地区进一步推广运用。

二、研究对象与方法

（一）研究区域

选择广西壮族自治区北部地区为主要研究区域。目前我国建成的生态博物馆主要分布在贵州、广西、云南、内蒙古、浙江等省区，其中贵州和广西数量较多、较为集中。广西处于我国西南少数民族地区，有着丰富的民族文化遗产资源，形成了具有地方特色的广西民族生态博物馆体系，在文化景观活态保护方面积累了许多有益经验，也出现了一些问题，值得加以关注和研究。

（二）实证研究对象

选择广西三江侗族生态博物馆、广西龙胜龙脊壮族生态博物馆为实证研究对象。主要原因如下：（1）具有典型性、代表性。龙胜生态博物馆是首批国家级生态博物馆示范点，三江"馆村结合、馆村互动"的生态博物馆模式被认为是目前国内独有的类型。（2）文化景观遗产价值较高。两座生态博物馆所在区域自然景观优美，人文资源丰富，体现了较强的"地方性"和"民族性"吸引力，也凸显了文化遗产保护的迫切性。

（三）主要研究方法

本书主要采用文献资料查阅法和实地调研观察法展开课题研究，利用学校图书馆、网络数据库资源以及互联网广泛收集相关文献资料，及时了解本领域国内外最新成果和发展动态，充分展开文献分析研究，为本课题提供理论支撑。课题组对广西三江程阳八寨、龙胜龙脊壮寨进行实地考察调研，通过影像记录、深入访谈和驻寨观察，分析研究区域运行状况、调研当地文化景观、完成调查分析表，最终形成桂北生态博物馆建设的优化方案。研究期间，访谈生态博物馆管理者、志愿者、参观者及社区居民共计 200 余人。

三、桂北民族生态博物馆运行状况

（一）桂北地区生态博物馆总体概况

自国内第一座生态博物馆在贵州诞生以来，生态博物馆建设在西南民族地区不断发展壮大。贵州生态博物馆群对布依、苗、侗、汉等民族文化景观遗产进行了探索性保护，在理论创新和实践探索方面具有典范性和先导性意义，被称为中国第一代生态博物馆。现有4家由政府建立的生态博物馆，即梭戛苗族生态博物馆（1998年，中挪共建的国内第一家生态博物馆）、镇山布依族生态博物馆（2002年）、隆里古城汉族生态博物馆（2004年）、堂安侗族生态博物馆（2005年）；1家民营生态博物馆，即地扪侗族人文生态博物馆（2006年）。

基于贵州实践经验，广西创新推进生态博物馆"1+10工程"[23]，即以广西民族博物馆为统领，在政府引领、专家指导和村民参与下建设10家生态博物馆——南丹里湖白裤瑶生态博物馆（2004年）、三江侗族生态博物馆（2004年）、靖西旧州壮族生态博物馆（2005年）、贺州客家围屋生态博物馆（2007年）、那坡达文黑衣壮生态博物馆（2008年）、长岗岭商道古村生态博物馆（2009年）、东兴京族生态博物馆（2009年）、融水安太苗族生态博物馆（2009年）、龙胜龙脊壮族生态博物馆（2010年）、金秀坳瑶生态博物馆（2011年）。与贵州相比，广西生态博物馆群虽然起步较晚，但更为专业化，被苏东海先生称为中国第二代生态博物馆。

（二）广西三江侗族生态博物馆

广西三江侗族生态博物馆，主要以县城侗族博物馆为"展示中心"，辐射到独峒乡孟江上游沿岸 15 公里内的座龙、八协、平流、华练、岜团、独峒、林略、牙寨、高定等 9 个侗族村寨。

1. 运行管理

三江县文物保护中心实行"一套人马，三块牌子"的管理模式，即三江县文物保护中心、三江县侗族博物馆、三江侗族生态博物馆。三江侗族生态博物馆是广西民族博物馆的工作站之一，其挂靠于县博物馆和县文管所，利用县博物馆展厅展示图片和实物，发放宣传册。博物馆在 9 个侗寨保护区都设置了联络员、入口牌坊、导览图，同时还建立高定工作站和独峒农民画陈列馆。保护区属自然村落，对外开放，其中高定工作站定期开放，平均每月 2 次左右。博物馆之间互动较弱，作为广西民族博物馆的工作站，需定期向上汇报工作，并接受其检查。挂靠广西民族博物馆之下设有专门网站向外推介，策划设立生态博物馆日吸引游客，为当地经济发展做出了贡献，给村民带来了一定实惠。但由于保护区范围内对建砖房有所限制，部分村民不支持此举措，不太认可生态博物馆。

2. 人员配置

博物馆是隶属三江县文化体育广电和旅游局管理的二级事业单位。人员构成情况为馆长 1 人、办公室 1 人、信息资料中心 1 人、库房保管部 1 人、陈列展览部 1 人、游客服务中心 2 人、保安 2 人。游客服务中心员工和保安均是临聘人员。

广西民族博物馆组织管理员赴柳州或南宁进行集中培训，要求馆员重视文物管理与保护工作多于生态博物馆建设。与此同时，侗寨村民们也参与其中，主要负责担任生态博物馆保护区联络员，负责收集资料图片、定期上交材料。村民们普遍比较配合生态博物馆工作，与馆员（馆长）关系融洽，但据了解没有主动参与者。在志愿者方面，2013年有一个慈善机构派遣的志愿者在高定工作一年。同时，在广西民族博物馆设有生态博物馆志愿者制度，但具体活动较少。

3. 开发模式

三江侗族生态博物馆采用"馆村结合""馆村互动"的建设模式，较好地协调了保护与开发的关系。一是成立生态博物馆管理委员会，并在9个侗寨中各选出1名联络员，组成"民族文化保护小组"，主要负责民族文化保护宣传工作。二是确定10余个"侗族文化户"进行培训，向外展示侗族文化，引导居民适度发展民族旅游。三是依托三江县非遗中心（由原来的县艺术团发展而来，县文体局管理）开展非物质文化遗产的保护工作，主要内容包括：建立非物质文化传承基地（如程阳桥木质结构传承基地），制定传承计划，还承担非物质文化遗产申报工作，目前已申报国家级非物质文化遗产3项，自治区级非物质文化遗产10项。在经费来源方面，三江侗族生态博物馆不收门票，自治区文物管理部门每年拨款1万元左右。通过"5·18"博物馆日、春节等开展活动吸引游客，参观者主要有散客、政府人员、专家。保护区淡季月游客量约100~200人次，旺季月游客量约1000人次，三江县博物馆展示中心的到访游客相对较少。

（三）龙胜龙脊壮族生态博物馆

广西龙胜龙脊壮族生态博物馆位于桂林市龙胜各族自治县龙脊村古壮寨，于2010年11月开馆，是"广西民族生态博物馆建设1+10工程"的第9个项目。"高山—林地—村寨—梯田"在不同海拔层次上协调布局，构建了绝美的文化遗产景观。

1. 运行管理

龙脊生态博物馆隶属于龙胜各族自治县文物管理所，2011 年国家文物局确立其为首批生态博物馆示范点，免费对外开放。博物馆信息资料中心约 600m²，通过图文资料、实物展现"龙脊神韵、壮家风情"的主题。作为广西民族博物馆的工作站，需定期汇报工作并接受检查，但与区内其他工作站无实质性深入互动交流。据悉，该馆有基本的人事和管理制度，长期在信息资料中心的唯一工作人员对当地文化有很强的宣传意识，现正在收集整理有关壮族和生态博物馆的资料，后续将出版宣传物。

2. 人员配置

龙胜龙脊壮族生态博物馆是财政全额拨款事业单位，人员编制数为 1 人。馆长为本地人，但在龙胜县城办公，不驻寨。专职馆员潘庭芳，由原县文化局聘用，他是本村老支书，对当地文化很了解，较熟悉生态博物馆的基本知识，除了日常事务处理外，亦负责信息资料中心的讲解工作，县文化局有时派人与他一起做文化遗产资料收集工作。馆员没有经过正规培训，但有考察贵州和广西其他生态博物馆的经历。村民不直接参与生态博物馆建设运行，但普遍比较配合相关工作。在工作人员的努力下，原住民从一开始对生态博物馆的空白认识，逐步意识到建设生态博物馆既可保护本地的历史文化，又可吸引游客。

3. 开发模式

生态博物馆建设和运行资金主要来源为上级拨款，现阶段不收门票。资料显示，淡季的日游客量为 20~30 人，旺季日游客量为 200~300 人。观众多为政府人员、旅游者、外宾、少量民族文化爱好者和研究者，游客对生态博物馆建设反映很好，尤其是外国游客。生态博物馆加强了对文化景观遗产的抢救性保护，现在已对 9 座百年老宅进行维修保护，有对 50 年以上的老宅维修保护的计划。通过建立

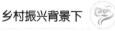

文化传袭中心对非物质文化遗产（如弯歌、酒歌、壮族山歌等）进行挖掘、保护和传承，收集展示民族服饰、生产生活用具，扶持文化示范户建设。

（四）小结与启示

综合以上调研分析，发现2座生态博物馆在运行现状上存在一定的共性，也有差异。其主要表现及启示有如下3方面。

（1）运行管理方面，应依托上级部门进行有效管理。广西民族博物馆的工作站"1+10"模式，保证了龙胜、三江生态博物馆工作顺利开展。

（2）人员配置方面，要逐步强化社区主体作用的发挥。馆长为当地人或有建设生态博物馆经验的人士，保证了博物馆顺利运行。社区居民对经济发展的期望大于文化保护传承，虽在一定程度上配合博物馆建设，但主动参与力度较弱。

（3）开发模式方面，可通过文旅融合进行保护性开发。依托上级拨款的单一保护模式下，生态博物馆可持续发展能力较弱。通过博物馆日、文化节庆、民族旅游等多种形式发挥文化景观遗产资源价值，在促进社区经济发展的同时，可以提高社区自身造血能力，提升民族文化认同感和自豪感。

四、生态博物馆模式下乡土景观保护效果

桂北地区生态博物馆建设实施，对促进民族文化景观的保护和传承发展起到了较为明显的作用，但是生态博物馆作为舶来品，其适应性、有效性需要进一步经过实践检验。以下通过对两座生态博物馆

进行实地调研和资料分析，以各生态博物馆开馆时间为节点，整理生态博物馆文化景观历时性变化分析对照表（见表 3-1、表 3-2），进而分析生态博物馆模式对文化景观的保护效果。

表 3-1　广西三江侗族生态博物馆文化景观历时性变化分析对照表

要素时间	2000 年—2010 年	2011 年—至今
聚落选址	侗族村寨多选址于沿河两岸平缓地带，利于耕种、交通方便、背风向阳处	对村寨进行整体性保护和控制性修建，保持原有聚落风貌
空间布局	依山傍水，依势就形，各式各样的吊脚楼以鼓楼为中心向心聚合布局	对村寨进行整体性保护和控制性修建，保持整体空间布局。部分村寨出现破坏村寨空间布局的建筑
公共空间	鼓楼、萨坛、风雨桥、寨门、水井建筑构成公共景观空间	新建工作站、独峒农民画展览馆
道路水系	道路基本由泥路和石板路组成。溪水、水塘保持良好水质	改造了入村公路，溪水水质有所下降
服饰景观	年轻人穿着现代服饰，老人基本穿着传统服饰	传统服饰的日常穿着率上升
民居建筑	对传统民居、历史建筑进行保护，设立两家文化示范户	对历史建筑进行保护，但出现了与传统建筑风貌不一致的砖房
农田景观	农田保持较为良好	农田出现逐渐荒芜的现象
林地景观	大环境的植被保持良好	总体表现较好
民俗民风	馆长收集整理一些侗族的文化资料，村民自己制作、售卖当地民俗活动的光盘，生态博物馆也向他们购买	将一些重大的传统民俗节庆发展为表演活动，设立"5·18"博物馆日。保持着"款文化"。老年人基本操本民族单一语言。年轻人操多种语言
宗教信仰	信奉"萨岁"	信奉"萨岁"。年轻人信仰意识减弱

表 3-2 广西龙胜龙脊壮族生态博物馆文化景观历时性变化分析对照表

要素时间	2000 年—2010 年	2011 年—至今
聚落选址	地处桂北越城岭山脉西南麓的半山腰上，选址于有山有水的宝地	基本维持原有聚落风貌
空间布局	龙脊村民按姓氏而居，吊脚楼分布在梯田中间，坐落在"龙腰"之中	对村寨进行整体保护和控制性修建，保持整体空间布局
公共空间	凉亭、篮球场、侯家寨庙等公共性建筑形成了公共空间	新建信息资料中心、传袭中心，修复凉亭的历史建筑
道路水系	保持石板路交通网，有泉水、井水	保持石板路交通网，改造入寨道路。泉水、井水保护良好
服饰景观	年轻人穿着现代服饰，老人基本穿着传统服饰	传统服饰的日常穿着率上升
民居建筑	南方干栏式建筑，民居依山势垫石立柱，横梁插榫，层层而上，开间、屋脊、楼层无固定法式，完全依据各家的财力和人口数量而建	对百年老屋进行修复，设立文化示范户。新建的部分建筑和传统建筑材质的使用上有所差别
农田景观	龙脊梯田保护良好	龙脊梯田保护良好
林地景观	大环境的植被保持良好	注重古树的保护
民俗民风	以梯田稻作农耕文化为核心，形成以年节为始终、载歌载舞、欢乐祥和的节日氛围	寨老职能弱化。建设传袭中心保证壮族歌舞的传承。年轻人操多种语言
宗教信仰	龙脊壮族壮民有共同的信仰，也有一些不同的信仰，例如侯家寨庙、石庙（莫一大王庙）、马海寨庙等	年轻人信仰意识减弱

（一）少数民族物质文化景观保护效果

1. 聚落景观

聚落景观是指聚落的总体布局形式以及街巷、民居、水系等物质空间要素整体的格局、肌理和风格。聚落景观是村落文化景观的核心，它作为人们生产、生活及周围环境的综合体，是一种最直观的村落文化景观。聚落景观包括聚落选址、空间布局和景观构成要素等。

（1）聚落选址

少数民族先民由于所处的自然生态、民族传统、社会环境等多方面的作用，形成了独具特色的聚落选址理念、布局形态和聚落景观。龙脊古壮寨地处桂北越城岭山脉西南麓的半山腰上，选址于有山有水的宝地。三江侗族居住区内，榕江、浔江等大小河流及支流溪水纵横交错，沿河两岸平缓地带利于耕种、交通方便、背风向阳，侗族村寨多选址于斯。生态博物馆遵循原村保护的思路，基本将原有聚落风貌保持至今。

（2）空间布局

传统风水观和聚族而居的观念直接影响着少数民族村寨的布局。三江侗寨顺山走势、依山傍水，以鼓楼为中心向心聚合布局，山水、田园、侗寨融为一体。龙脊村民按姓氏而居，吊脚楼坐落在高山梯田"龙腰"之中，石板路逶迤而上，错落有致。生态博物馆通过整体性保护和控制性修建，维持了千百年流传下来的"天人合一"的村寨空间布局。但是由于措施落实不力，三江侗寨出现了部分破坏村寨布局的建筑。

（3）公共景观空间

在三江侗寨群中，鼓楼、萨坛、风雨桥等公众建筑形成了有吸引力的公共景观空间。鼓楼是最重要的侗族公共性建筑，它占据侗寨的景观视点核心，有其风水上的"点穴"之意，就像侗歌中唱的那样"鼓楼建在龙窝上"。调研显示，龙脊壮寨新建的凉亭、信息资料展示中心、侯家寨庙等公共建筑空间成为村民集会、议事、娱乐、休憩活动的重要场所。

（4）道路与水系

灵活的道路和蜿蜒的水系构成了村寨空间的骨架。生态博物馆建

设，提升了村寨外部通达度和内部交通便捷度，这给当地带来实惠，成了村民支持生态博物馆的重要原因之一。龙脊壮寨博物馆在村寨与梯田之间，用宽平的石板路迂回相连，形成了独具一格的交通网点布局。三江侗寨、龙脊壮寨均依水而建，水塘穿插在民居中自成体系，村民自发地保护维持种族延续的水资源。由于参观者的大量涌入以及旅游开发的影响，造成了一定程度上的水资源破坏，但目前并没有采取具体的水系保护措施。

2. 生活性景观

（1）服饰景观

每一个侗家人、壮家人，都是民族文化传承者。侗家的青衣青裤、侗族姑娘的银饰，整体显得华丽而简洁，尤其是侗锦、刺绣十分精美。而龙脊壮族男子上穿青蓝色有领对襟上衣，下着吊裆宽边长裤；女子头扎绣花白巾，上穿五色兰底衣，下着裤筒绣花边的宽口裤。对于这些民族服饰，生态博物馆建设将传统服饰文化整合起来，收集整理放到信息资料中心展示，引发当地村民的自豪感以及对自身民族服饰的认同感。但是年轻的族民只在盛大的典礼或演绎民族歌舞的时候才穿其传统服饰，日常服饰基本现代化。

（2）民居建筑

侗寨的建筑形式为吊脚楼，每个村寨均有鼓楼、风雨桥，其造型独特、匠心独运。而龙脊壮族地区降雨量充沛，山地陡峭，龙脊壮族民居依山势垫石立柱，横梁插檩，层层而上，开间、屋脊、楼层无固定法式，活泼而充满智慧。在生态博物馆建设中均对保护区内的建筑进行整体性规划，对新建建筑进行规范和管理，在一定程度上保持了原有村寨的建筑风貌。而龙脊壮寨对保护区内文化示范户民居进行抢救性保护，力度较大，效果明显。但由于居住条件改善的需求，或对利益的驱使，村民会建设与传统建筑风格相悖的现代建筑，建筑材料逐渐从纯木材转变为木材和混凝土的结合，或是砖加混凝土的建筑，缺乏景观美感，破坏了整体氛围。

3. 生产性景观

（1）农田景观

由于政府制定政策保护梯田景观，并且通过明确种植流程来达到最佳梯田景观效果，使得龙脊壮寨的梯田维护良好。龙脊梯田开垦已有近 700 年的历史，梯田最高海拔 1100m、最低 300m，从林边到崖壁，从河谷至山巅，凡可垦之地皆拓成梯田，小山如螺、大山如塔，从而形成绵延数里，高耸入云的壮丽梯田景观，一年四季绘出"春叠根根银带，夏翻道道绿波，秋垒层层金阶，冬锁条条苍龙"的彩图。而三江侗寨，当地政府开展了基本农田的保护，但是由于旅游业的影响，农田逐渐荒芜，农田景观在一定程度上退化。

（2）林地景观

村寨选址依山傍水，由于村寨的开发程度还是较低，少数民族村寨对守护林的保护很重视，因此三个生态博物馆的周围的林地是保存较为完好的。龙脊壮寨对村寨中的古树进行登记，将其保护下来。村寨林地以村民自发保护为主，由于生态博物馆没有相应的森林保护措施，村寨周围植被均有不同程度的减少。

（二）少数民族非物质文化景观保护效果

1. 民俗民风

龙脊壮民以梯田稻作农耕文化为核心，在生产劳作、日常生活、祭祀庆典过程中逐步形成了以山歌和弯歌闻名的壮族歌谣，以及具有特色的婚丧嫁娶、生育和寿庆礼俗。壮族生态博物馆通过建设文化传习中心来进行龙脊壮寨传统歌舞的表演。传习中心也是民众练习歌舞的场所，有效弘扬和传承了壮族歌舞文化。但过于频繁的、流程固定

的壮寨歌舞表演，让参与其中的村民态度日渐消极，甚或产生反感情绪。

侗族人最有特色的是供全体社会成员遵守的契约——"款约"，并成立了公权组织"款组织"，选出人民公仆"款首"。三江侗族的民俗民风致力于活态及艺术的展示，比如侗戏、侗歌、侗舞、侗族音乐、农民画等。其中通过建立独峒农民画陈列馆将侗画进行陈列保护，激发了民众对侗画传承的热情。同时通过扩大传统民俗节庆的规模，设立"5·18"博物馆日来增强当地人的文化自豪感，从而减少了外来文化的干扰，保持整体的民俗民风。

2. 宗教信仰

龙脊壮族壮民有着共同的信仰，例如侯家寨庙、石庙、马海寨庙等。三江侗族同胞们崇拜萨岁，每一个村寨都有专门祭祀萨岁的祭坛，侗家人称之为"萨坛"，"祭萨"是侗寨最频繁的祭祀活动，不但建"萨坛"时要"祭萨"，逢年过节要"祭萨"，丰收要"祭萨"，整寨出行前和举行娱乐活动前都要"祭萨"。生态博物馆通过馆员入户宣传，对当地人文化理念和社区文化管理起到促进作用，当地居民将这些活动保留下来。另一方面，通过非物质文化遗产活态展示进一步增强文化吸引力和遗产景观价值。但是现在的年轻人在外务工，民族宗教信仰有所减弱，对相关仪式重视不够。

（三）小结与启示

在对广西三江侗族生态博物馆、龙胜龙脊壮族生态博物馆的运行状况，以及文化景观历史性变化分析中可以发现，不同的生态博物馆的运行情况产生了不同的文化保护效果。其总体表现及启示有如下几点：

（1）生态博物馆通过采取整体性保护措施，基本维护了原有的聚落空间格局，保持了民族景观特色，保护了传统民居建筑。但信息资料中心等新建公共建筑极易在颜色和风格上，与传统建筑产生冲突差异，将降低传统公共景观空间美感，在建筑选型、材料等方面应注意与传统风貌相融合。

（2）生态博物馆通过出台控制建设和社区管理制度，较好地保护了龙脊壮寨梯田景观。但由于自身内在发展需求和管理上面临的困难，三江侗寨出现了部分现代式民居建筑。另外，由于生态博物馆侧重于文化保护，在水系保护、森林景观保护方面存在制度缺失，乡规民约的保障力度逐步削弱。

（3）通过管理人员对生态博物馆的宣传，引起了当地人民对非物质文化景观的重视与传承。由于生态博物馆单一模式经济效益低迷，造成村民对生态博物馆认同度较低，自发性旅游开发行为较多，旅游的无序开发影响了农田、水体景观质量。

（4）通过建设信息资料中心和文化传习中心，较好地展示和保留了服饰、歌舞、民俗节庆景观，通过活态和艺术展示扩大了传统民俗节庆的规模，增强了当地人的文化自豪感。但外来文化的冲击、旅游发展的需求和观念的改变，导致了非物质文化景观的潜移变迁、民俗民风的弱化，以及文化展演的商业化和舞台化倾向。

五、生态博物馆模式的优化方案

（一）居民态度与诉求

调研发现，少数民族地区经济发展上的迫切需求，与生态博物馆文化保护的目标存在一定程度的冲突，从而引发了部分影响文化景观保护的不和谐行为。从生态博物馆主体居民的角度深入了解村民的利益诉求和态度（表 3–3），更加有利于我们理解生态博物馆的运行效果，也有助于提出更符合实际需求的优化方案。

表 3–3　社区居民对 2 座生态博物馆建设的态度与诉求一览表

类别		主要观点	所在区域
持肯定态度居民群体	有利于经济发展	改善了交通 / 农产品对外输入更便利 / 旅游者到达更通畅	三江侗寨
		设立 "5·18" 博物馆日增加了居民个人收入	三江侗寨
	有利于文化传承	独峒农民画展览馆是寻根的地方 / 博物馆日增强了文化自豪感	三江侗寨
		在传袭中心学习壮族歌舞有利于身心健康	龙脊壮寨
	有利于环境保护	保护控制措施维护了原有聚落风貌	三江侗寨
		保证了安静的村落环境	龙脊壮寨
持反对态度居民群体	经济收益不平等	紧邻信息资料中心、传袭中心的居民额外收入多，偏僻地区收入少	龙脊壮寨
		旅游工艺品限制多，分成少，收益不佳	龙脊壮寨
	影响了居住条件	少数居民反对村寨保护控制规定，认为其无法满足采光、洗漱等要求，要求修建更牢固的混凝土砖房	三江侗寨
	破坏了自然环境	旅游使溪水水质下降，居民很有意见，只好在路边立起警示牌	三江侗寨
中立群体	与己无关	生态博物馆建设对自身的利益无太大的关系，对相关节日仪式也不是很在意	经常外出务工人员
居民主要诉求与发展建议	运营模式方面	七成受访者想通过适度的旅游开发来增加经济效益，但也忧虑经济利益分配问题	三江侗寨
		六成受访者赞同加大宣传力度。龙脊居民想多举办类似"开耕节"的民族节日吸引游客	龙脊壮寨
居民主要诉求与发展建议	硬件设施建设	八成受访者认为应完善基础配套设施建设	龙脊壮寨
		部分居民认为新建设施应与老建筑协调	
	管理制度方面	要健全人事管理制度，更要采取落实措施	
		工作人员均表示应加强学习交流，全社会要关注并支持生态博物馆建设	

（二）运作模式优化

生态博物馆在各地的建设虽没有统一的运作模式，但民族经济的繁荣发展、民族文化的有效传承、少数民族村民的主动广泛参与是生态博物馆模式优化的核心目标和方向。基于桂北生态博物馆群的建设经验，我们认为现阶段较为理想的生态博物馆模式应为："政府支持、企业带动、专家指导、村民主导"的综合发展模式。

首先，政府主要提供文化保护和经济发展的政策保障和引导以及资金投入，做到科学保护、精准扶贫、有效管理。其次，在企业层面上，需要具有较强的社会责任感、较强的经济实力、较成熟的开发管理经验的旅游企业入驻，进行适度的生态旅游开发，确保生态博物馆"活"起来。再次，在专家层面上，除了文化保护咨询与研究外，更应侧重于为社区提供诸如农业种植、工艺品开发、歌舞编排等技术指导，以及为非物质文化传承人培养创造良好外部条件等。最后，强化村民作为生态博物馆建设的主体地位，不仅要扩大其参与范围，而且要提高其参与程度，充分发挥村民的主动性和积极性，避免主体缺失。只有社区经济发展了，才能有更高层次的文化自觉，真正做到少数民族文化的整体与活态保护。

为确保正常运行，在生态博物馆建设过程中，应注意以下几方面。

（1）协调好文化保护与旅游开发的关系，通过文旅融合实现生态博物馆与旅游业无缝对接。生态博物馆由居民、政府、旅游公司、专家四大主体构成，四者是相互制约、相互平衡的关系（图 3-1）。其中居民作为主体，政府、旅游公司、专家都必须积极征求居民关于保护和发展的意见和建议；政府作为协调者，在保护文化景观的前提下，协调当地居民与旅游公司的利益；旅游公司为开发者，为当地保

护与发展注入资金，同时提供文化宣传平台；专家为评估者，给政府
提供协调保护和发展的意见和建议，向社区宣传保护意识，促进生态
博物馆良性发展。

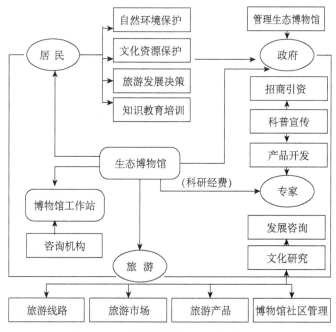

图 3-1　生态博物馆四大主体职责

（2）确立好利益分配机制，落实文化保护专项基金。当生态博物
馆模式与民族旅游开发融合发展后，便会产生相对应的经济利益。在
明确了生态博物馆四大主体的关系以及各自的主要职责条件下，对生
态博物馆资源进行资产评估，制定相应的利益分配制度。遵循多劳多
得和公平公正原则进行村民利益分配，居民自己贩卖的旅游产品收益
全部归其所有。旅游公司和政府在开发和发展中设立并严格落实文化
保护专项基金，用于文化景观遗产和生态环境保护；旅游公司和政府
邀请专家评估和研究村寨及生态博物馆的发展，需给予专家一定的科
研咨询经费。居民、旅游公司、专家、政府四者间的经济利益关系如
图 3-2 所示。

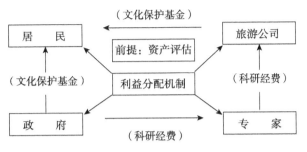

图 3-2　生态博物馆利益分配机制图

（3）加强生态博物馆馆际互动和社区互动，开展多渠道文化保护活动。建立博物馆馆际互动机制，通过互动加强交流学习与经验借鉴，提升生态博物馆建设与运行质量。加强博物馆与社区的良性互动，多种方式调动村寨居民尤其是年轻人参与保护文化景观遗产的积极性。另外，通过多种渠道储存民族地区文化记忆、整理和研究民族文化遗产、开展文化遗产信息收集与研究工作。组织专家对少数民族文化进行全面调查、整理，加强舞蹈、音乐、戏剧、美术等民族艺术研究和艺术展演，形成一批有价值的文化成果。

（三）硬件设施优化

生态博物馆应注重信息资料中心、传习中心、文化示范户以及配套设施建设与优化提升。

1. 信息资料中心建设

信息资料中心是生态博物馆的"心脏"，主要承担信息资料的存放、展示、宣传，文化交流、传播与输出等功能。资料信息中心建议采用传统民族建筑风格形式，并加强建筑内部空间使用效率；信息资料中心选址不要偏离生态保护区，以避免信息资料中心与保护区脱离；信息资料展示手段应更多元化，可借助于数字传媒技术进行展示，增强文化展示的生动性和吸引力。

2. 文化传袭中心建设

为了更好地传承当地非物质文化遗产，建议建设生态博物馆文化传袭中心，形成常态化传承机制，培养具有年龄梯度的文化传承人梯队，避免少数民族优秀文化的断层和消逝。其一，选拔具有一定基础、热爱民族文化的青年人，通过非物质文化遗产传承人进行"传帮带"培养；其二，以文化传袭中心为孵化基地，集中培养传统民间工艺、技艺人才；其三，文化传习进课堂，文化教育进社区，选派当地歌（戏）师、民间艺人为学生传授民间音乐、舞蹈和手工艺；鼓励小学生参加博物馆日常活动。

3. 文化示范户建设

为了让外界更好地体验到当地人的生活生产方式，更多地接触社区日常生活，感受活态的地域特色文化，可以选择若干户民族特征鲜明、建筑风貌较有特色、家庭文化有代表性的村民家庭作为生态博物馆"文化示范户"，从风貌改造、环境整治、资金注入、就业引导、文化传承等方面对其进行扶持，树立文化保护的典型示范。人们可以从"台下"走到"幕后"，参与式体验属于少数民族的日常生活。

4. 丰富完善配套设施建设

完善生态博物馆解说牌、导引牌、警示牌等标识导引体系建设，设计上应注意与民族乡土要素相融合。加强生态厕所、垃圾桶设施配置，综合整治农村排污系统，营造整洁有序的村落环境。

（四）管理机制优化

由于生态博物馆处于一个相对初级发展的阶段，相关制度不够健全，在人事管理、素质提升等方面尚缺乏有效机制，不利于全方位文化保护与传承工作的落实。

1. 健全生态博物馆人事管理制度

引进先进的管理理念，培养生态博物馆专业管理人才。其中包括优化馆长的选用、馆员的选用以及工作机制。为了提高社区居民的参与性，馆长应多选用综合素养较高的当地居民，工作人员也最好由当地人担任，同时通过开展馆员培训活动提高工作人员的素质，让他们提高对生态博物馆的认知，明确自身肩负的实现文化传承和发展的任务。

2. 建立科学的生态博物馆组织架构

适时出台《生态博物馆建设与管理办法》，由政府专职部门管理生态博物馆，并形成有效的网络架构。广西"1+10"民族文化联合体建设模式具有较强的借鉴意义。它遵循"文化保护在原地"的理念，为下辖的工作站建设提供了科学有效的技术指导，确保了生态博物馆的有效管理，促进了生态博物馆之间的互动交流。

3. 完善生态博物馆监督运行机制

在适度发展"生态博物馆理念下的旅游业"过程中，建立多重的监督关系有利于生态博物馆健康发展。政府应严格监督旅游开发经营者行为，如为保持村寨传统景观风貌限定最大游客接待量。居民之间通过相互监督关系，共同遵守文化保护与发展协定。在生态博物馆建设的过程中，专家对政府提出发展保护建议，有利于政府及时做出保护政策调整。

4. 构建全员共建生态博物馆的联动机制

各地文物管理部门应加强与发改、财政、建设、旅游、民族、文化、农业等相关部门的联动，争取各类资金投入和政策倾斜，并鼓励社会力量支援，加大社会资金投入，多种形式、多方支援，共同推进生态博物馆发展。

六、结语

诞生于 20 世纪 70 年代被欧洲各国广泛实践的生态博物馆形态，作为舶来品引入我国，并在贵州、广西等民族地区较早开始推广实践。生态博物馆运行以来，其建设成效到底如何？对少数民族文化景观保护的有效性、普适性和经济发展适应性是否达到预期？如何优化改良？本章选取桂北地区 2 座生态博物馆为例，针对以上问题进行调查分析，提出了生态博物馆优化方案。希望该方案能为桂北少数民族地区文化景观遗产保护和经济发展提供更适宜有效的策略，能为西部少数民族地区乡村振兴和生态文明建设、优秀民族文化传承工作提供一定的参考。

为进一步促进少数民族地区生态博物馆建设，加强少数民族文化景观保护，提出以下几点发展建议。

（1）合理规划、慎重选点，巩固优化重于盲目新建。科学规划、合理布局，集合多方智慧编制生态博物馆发展规划。重点对现有生态博物馆进行优化提升和发展转型，凸显地域民族文化特色，保护景观遗产价值，避免对生态博物馆理念的"误用"甚至"滥用"，切忌不顾实际一哄而上新建生态博物馆。

（2）改变单一保护的模式，科学合理地发挥生态博物馆推动经济社会发展的特有作用。在顾及环境承载量和社区心理承载量基础上，适度发展旅游观光和文化休闲产业，促进文化资源优势转化为经济优势，确保少数民族地区文化保护与经济社会协调发展。

（3）生态博物馆建设要将村寨聚落、山水环境等物质文化景观保护利用与相关的民俗活动、传统手工艺技能的保护传承相结合，将少数民族文化资源展示与有效利用相结合，实现文化景观遗产的整体性、真实性、活态化保护，做到文化景观遗产与社区生活、自然环境和谐共荣。

（4）生态博物馆建设要充分依托社区居民的力量。通过科学管控、合理引导、积极培育，在社区普及博物馆知识和科学的生存发展理念，规范引导居民合理的开发建设和生产生活行为，充分发挥居民的主体作用，调动社区参与建设的主动性，确立和增强当地居民对自身文化的自觉和文化认同感、文化自豪感，使投身和参与文化遗产保护和生态博物馆建设发展逐步成为村民的自觉行为。

第 4 章　基于生态智慧的乡土景观保护

一、选题背景与理论基础

（一）选题背景

2016 年 7 月，同济大学举办了首届"生态智慧与城乡生态实践"论坛，会上发布《同济宣言》，旨在建立生态智慧与城乡生态实践的学术共同体，将生态智慧研究推向一个新的高度，使其成为探索生态文明建设的重要内容。在深入推进生态文明与可持续发展的宏观背景下，传统生态智慧的现代价值逐步升温。传统生态智慧中隐藏着许多"道法自然"的环境治理方式，如新疆坎儿井的灌溉技术、蒙古游牧民族的转场放牧技术等，这些生存智慧诠释了"天人合一"的古老生态观，展现了人类适应地域环境的卓越能力。

（二）理论基础

1. 人居环境学理论

西方城市规划思想萌生于十九世纪，霍华德在其发表的《明日：一条通向真正改革的和平道路》中首次系统阐述了建设"花园城市"思想。格迪斯（Patrick Geddes）和芒福德（Lewis Mumford）提倡将城市规划融于周围自然景观当中，人类才能健康的发展。国内方面，天人合一的传统儒家思想构成了中国关于人居环境理念的思想框架。1994 年我国通过了《中国 21 世纪议程——中国 21 世纪人口、环境与发展白皮书》，强调了人类聚居环境的可持续发展，并提出了与之相关的六项指导方案，分别是：城市人类居住管理、建设人居环境基础设施、改善人居环境、保障所有人的住房、完善建筑行业的可持续发展、提高聚居环境的能源安全。吴良镛院士提出"人居环境科学"，即以人类聚居为研究对象，重点探讨人与环境关系的科学体系，目的是了解和掌握人类聚居发生发展的客观规律，以更好地建设宜居环境。

2. 景观生态学理论

景观生态学（Landscape Ecology）是研究区域范围内诸多生态系统所组成的整体性景观的空间结构、协调功能、相互作用及动态变化的一门生态学分支。在世界性环境和发展问题的共同催化下，景观生态学应运而生，虽然起步较晚但是它的出现为生态学的研究注入了新的活力，景观生态学已经成为当今世界性的前沿学科之一。景观生态学理论创新性地将地理学的"水平研究法"和生物学的"垂直研究法"结合起来，打破了地理学和生物学对于生态研究的局限性，使研究方法具有综合性[24]。国内景观生态学研究起步相对较晚，俞孔坚、肖笃宁等人系统地梳理了国内外学者对于景观生态学的理解，其中俞孔坚提出并实践了景观生态安全格局理论，对学界产生了较为深远的影响[25]。

3. 可持续发展理论

人口急剧增长、土地短缺和水资源等自然资源的加速消耗，带来了生态环境恶化、社会矛盾凸显等现实挑战，人类的生存环境受到了前所未有的威胁，可持续发展之路成为人类发展的重要选择。可持续发展的含义表现为外在和内在两个部分，其中"外在"指生态环境的可持续，"内在"指人与人之间可持续的社会关系。可持续发展注重以整体的视角去审视发展，它建立了持续协调的理论基础，合理地协调各项发展内容的动态平衡，提供了适合发展的、舒适健康的人文环

境，对实现人与自然相互关系的动态平衡，处理好满足当代人的物质需要与对后代负责之间的动态平衡关系，处理好本区域良好的发展与其他区域协调发展的动态平衡具有重要作用。

二、民族生态智慧与乡土景观保护

（一）传统生态智慧

生态智慧是指人适应自然生态规律并健康生存发展的能力和素质，它来源于传统文化，通过制度和生活表现出来。中华民族有着五千年的悠久历史，形成了东方特有的世界观、人生观、价值观。这些观念中不乏经典的生态自然观，指引先民们世代繁衍，安居乐业。刘心恬认为，中国传统生态智慧是古人在与自然相处的过程中逐渐积累并丰富起来的生态价值伦理观，包括生态哲学的发展与生态实践中人对自然的保护和利用方式，它是朴素而具有启发意义的[26]。雷译提出解决当今环境问题的关键是将西方生态思想与中国传统的"天人合一"思想相互融合，西方生态思想作为借鉴，中国传统生态智慧的精髓"天人合一"更应该得到弘扬和挖掘[27]。魏成、王璐等以云南省腾冲市和顺洗衣亭为例，分析并阐述了这种乡土公共建筑是如何在当地气候与文化的环境下营建的，揭示了这种朴素的营建思想所蕴藏的生态智慧，提供了当代乡土景观营建值得借鉴的新思路[28]。潘立试图运用传统生态智慧的观点，对当代风景园林建设进行方法、理念、价值、技术等方面的解构，探讨当代景观规划设计的可行道路[29]。刘国栋、田坤等人以云南丽江古城的水系设计为例，通过对古城选址、建筑营造、独特的用水方式的总结，阐述传统生态智慧在当代城市建设中的借鉴意义与可行性[30]。齐羚聚焦中国古典园林"理一分殊"的传统生态智慧，从中国园林的空间布局、生态适宜、审美偏好等方面，从传统园林的营造理念和具体实践两方面分析了"理一分殊"的园林生态智慧，为当代园林景观的营建提供了借鉴[31]。

（二）少数民族的生态智慧研究

中国作为拥有 56 个民族的文明古国，历经千年发展，积累了无穷的宝贵民族生态智慧。汉族与回族人擅长经商，常将定居点选在交通便利的平原地区，沿街巷居住经商，形成典型的商业文化；苗族和瑶族为适应干爽和寒冷的微地形和气候定居于山腰，并逐渐形成靠山吃山的独特山地文化；傣族和壮族是传统的稻作民族，他们的生活离不开水，一般将聚落选址在水资源丰富、气候湿润的地方[32]。新疆维吾尔自治区吐鲁番盆地和哈密地区由于干旱和降水量少而严重缺水，坎儿井的发明创造性地实现了人们对水资源的有效管理，蕴含了丰富的生态智慧，是干旱地区农业灌溉的榜样[33]。在中国内蒙古、宁夏、新疆、西藏等地，广阔的草原养育了以畜牧业为主的游牧民族，其中有蒙古族、藏族、哈萨克族、塔塔尔族等 19 个少数民族，他们在放牧的过程中，形成了如转场、分群放牧、节制放牧等牧业传统，集中体现了独特的生态智慧[34]。杨主泉通过对龙脊古壮寨的深度调研，提出了梯田文化支撑梯田旅游开发的观点，并由此探讨了梯田生态系统所蕴含的生态智慧[35]。杨主泉又以龙脊古壮寨为研究对象，从壮族核心文化层面研究探讨了越城岭地区龙脊壮族传统文化蕴含的生态智慧及产生的社会价值[36]。杨未通过对贵州少数民族生态智慧的深入研究，分别从贵州少数民族古老的生态直觉、万物崇拜的思想形态、"天人合一"的传统生态自然观三方面综合解析了贵州少数民族生态智慧的表现形式，并总结出这种生态智慧对现代的启示[37]。肖金香运用多学科研究的方法，从民俗学、人类学、民族学、文化生态学等多角度对贵州苗族生态文化进行分析和研讨，分析了苗族的民居建筑、人生礼俗和农林生产当中蕴含的生态智慧，总结出这种生态思想在当代生态规划当中的普遍适用性[38]。刘胜康和杨顺清从西南少数民族生态观发展演变入手，讨论了少数民族传统生态智慧与现代科学发展观相结合的可能性与意义[39]。

（三）民族村寨的乡土景观保护研究

高弋乔以四川北川羌寨为研究对象，选取吉娜、恩达两个代表性村寨，在实地调研的基础上，从村寨的交通区位、内外空间布局、村寨节点三个层次系统梳理了两个寨子的聚落景观特征，提示了北川村寨景观保护面临诸多困境，如旅游业的冲击、保护与发展的矛盾、人口外流与老龄化等问题，继而提出对羌寨景观特色进行发扬与传承的营建机制[40]。山岚和许新亚从村寨景观空间的研究出发，对广西三江高定侗寨近年来在旅游业冲击下的景观变迁做了实证分析，提出可持续发展的村寨空间的保护思路与建议[41]。刘芮宏和刘小英以桂西南地区壮族村寨为研究对象，通过对村寨景观系统的研究，寻求发展与保护的平衡点[42]。刘建浩根据对黔东南芭莎苗族村寨的考察，从生态适应性的角度分析了村寨自然景观结构，指出现代旅游业对村寨景观遗产的破坏性，强调了景观生态保护的迫切性和重要性[43]。周颖悟以黔东南苗族村寨景观为例，经过详细的资料考察和梳理，全方位地阐释了村寨景观的发展趋势，并探讨了如何在保留传统文化景观的基础上，进一步创造性地进行村寨保护与规划[44]。

三、桂林龙脊古壮寨乡土景观保护中的生态智慧

（一）龙脊地区人居环境特征

1. 区域总体概况

桂林龙脊古壮寨地处桂北越城岭山脉西南麓，位于龙胜各族自治县和平乡东北部，面积为 4.2km^2，是中国南方稻作梯田系统全球重要农业文化遗产的重要组成部分，是全国首批少数民族特色村寨示范点、生态博物馆示范点和中国传统村落。2300 余年前，桂林龙脊地区已有梯田耕作和农业生产活动，桂林龙脊梯田系统是古代先民适应自然、利用自然的活标本，2017 年被评为全球重要农业文化遗产。壮族先民在长期的生产生活实践中不断适应自然环境，经过数百年的营建与调适，绘制了一幅绿水青山、寨美人和的民族风情画卷，积累了大量原创性山地人居环境营造经验，具备很高的传统山地生态文明智慧。

2. 人居环境特征

人居背景、人居活动和人居建设是决定人居环境发展的三元要素，三者三元一体、共同作用、有机联系。桂林龙脊地区的人居背景特征是绿水青山，资源丰富，但易水土流失，大面积适耕适建区域有限。人居活动主要指在绿水青山背景下壮族先民的生产生活与社会文化精神活动。《龙胜县志》记载："壮族于明正统二年（1437 年）入县境南思陇，此后先后迁入桑江下游一带居住"，廖姓、潘姓和侯姓壮族先民从河池南丹等地先后迁到龙脊定居，开展查山勘地、理水开田、安营立寨和择材造景的人居活动与建设，逐步形成了高山梯田稻

作农业、组团式壮寨人居，以及由此衍生出来的自然崇拜文化和民间文化。由此产生在复杂地形和有限资源制约下，以传统技艺和地方性知识为主导的自然保护和营景模式、适度有序的梯田景观营建智慧，以及依山就势的聚落空间营造智慧。历经数百年的良性互动，龙脊梯田呈现出整体系统性、有机关联性和时空演进性三重特性，构建出可持续的、友好的山地人居环境。

（二）龙脊古壮寨选址布局的生态智慧

最初选取高程、坡度、坡向、植被、水域五个因子对龙脊古壮寨的选址布局进行定量评价。经考察发现，场地植被斑块长期受农业生产开发干扰，有较大的分布差异性，故不参与选址定量对比评价。结合山体溪流纵横的分布情况，发现金江距离古壮寨的直线距离过短，不适宜开展分析评价。最终，选定高程、坡度、坡向作为分析因子，以验证选址的科学性。

借助 Arc GIS 软件以及龙胜各族自治县 2016 年的 DEM 高程数据库，从高程、坡度和坡向三方面展开定量分析。结果表明，龙脊古壮寨分布在海拔 600m~1000m 的区间，属于中半山区；村寨布局区域坡度均在 5°~20°（图 4-1），很好地满足了排水、通风和采光需求以及建筑和道路的设置条件，安全宜居。龙脊古壮寨坡向主要为东向或东南向，是先民结合自然光照与地形条件选择的最优布局，充分体现了龙脊先民对龙脊山区的立体气候及整体自然环境的认知和把握，以及为适应环境所展示出的营建智慧。

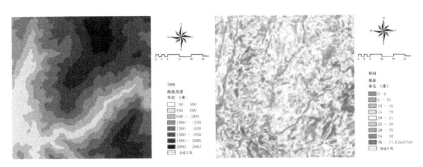

图 4-1　龙脊古壮寨高程分析图和坡度分析图

（三）龙脊古壮寨自然环境的生态智慧

龙脊古壮寨山水环境沿着东南坡分水岭从高到低依次分布着原始森林、村寨、梯田、金江河，共同构成了"森林－村寨－梯田－河流"四素同构的竖向空间结构（图4-2）。"森林－村寨－梯田－河流"的竖向空间能够形成稳定的能量和物质循环：（1）山坡接受天然降水后，形成地表径流，沿垂直方向流经森林、村庄和梯田；（2）森林和梯田减缓了水流的速度，且由于田埂的阻挡，泥沙和腐殖质被截留并渗透吸收，能够保持水土、减少灾害，维护生态格局稳定；（3）村寨的生活污水随排水系统被输送到梯田中，使其获得更多肥力，减少了对大气和水质的污染，形成了天然的自净系统。

除此之外，人们为了合理地保护、利用自然资源，制定了原始的律条——村规村约，约定了禁忌事宜，并对违规的村民进行惩罚。例如，规定森林水源林、杉木林、风水林、经济林的规模和位置，并对砍伐植被的种类、时间间隔、数量都有明确说明，对于自然山泉的利用有合理的区域划分。龙脊先民对自然环境的永续利用和村规约定是传统生态智慧实践的展现。

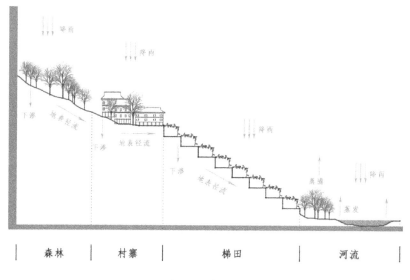

图 4-2 空间生态系统剖面图

（四）龙脊古壮寨农业景观的生态智慧

1. 开垦维护过程的生态智慧

（1）梯田开垦智慧

梯田开垦的关键因素是水源与坡度，保持每层梯田表面水平是一个复杂的农业工程问题，龙脊先民采用乡土智慧解决难题。梯田的开挖首先要将细颗粒、高肥力的表土挖出放置，再将底部生土分层挖切成块状取出砌成土墙，土墙高度与坡度成正比。将土墙砌至合适高度后平整表面呈水平状态，一般使用 2m 长的楠竹沿长轴对半剖开，盛上水放置于田面，通过水的流动情况判断田面是否水平。田面被平整至水平后，将表土回填。

（2）梯田维护智慧

倒梗和滑坡是梯田维护中面临的最大问题。一般情况下，村民通过保持梯田四季水满的状态来防止田基开裂受到雨水冲刷，若水源不足，村民则会在春节过后，使用龙脊地区特有的"冲锤"冲合田基因干旱出现的裂缝。此外，在夏季暴雨天气下，通过在田基上间隔开设"水口"，促进排水以防梯田倒梗。

2. 水利灌溉技术的生态智慧

（1）梯田用水保障

龙脊地区位于南岭，冷空气与暖湿气流在此交汇形成锋面降雨，降雨量较大，且山脉高海拔地区水源林涵养作用明显。龙脊片区土壤是第四纪地质年代的坡沉积层，属黏性较强的粉质黏土，土层下方是不透水的沉积岩，多余的水流能够透过岩石缝隙自上而下对梯田层层灌溉。另外，龙脊地区海拔较高，气候垂直分布明显，水分受热蒸发上升后遇冷形成云雾，为梯田保水提供了良好的小气候条件。

（2）梯田分水智慧

村民利用水渠和分水器将泉水自上而下引流至梯田，通过梯田水口实现层层灌溉。为防止水流中混入的砂石流入梯田造成土壤砂碱化，先民还在水渠与梯田接口处设置沉淀砂石的深坑，梯田土壤的肥力因此得以保持。村民为了拦蓄水流、方便取水和分水，常在自然水渠中利用大块石头组成简易的堰坝，引水工具就地取材，有竹枧、连筒、木枧等，既能有效适应山地地形的起伏落差，也营造了富有地域特色的农业水景。分水器以当地产出的麻青石或木头制成，需要分成几股水流，就在石板或木板上凿出多少个等深的凹槽，然后将其深埋加固。"刻石（木）分水"根据梯田规模确定用水量，通过设定凹槽宽度来控制分流水量，有效化解了梯田的用水矛盾，体现出先民分水、用水、管水的智慧。

3. 道路交通系统的生态智慧

龙脊古壮寨的梯田面积约 1100 亩，内部形成了一套独有的梯田道路系统，起到连接的功能。道路依山就势，如遇陡峭山坡，石板路蜿蜒绕过以控制坡度；遇平缓地面，为方便通行则搭建平行于梯田的道路。道路分为主路和支路，主路是应对垂直高差的石板路（图4-3），支路顺着田埂平行等高线方向修筑，是田间劳作的主要通道。搭建道路的石材均取自本地，这些石材不仅是建设道路的主要材料，也可建造房屋、制作石水槽及各种农具。在潘家寨梯田一侧，垂直于梯田顺势而下的一条路内侧，村民们用条状石头筑成一道寨墙，墙高约2m，起到保护村寨免受土匪与野兽侵袭的作用。龙脊壮寨的石板路是由龙脊先民在生产生活实践中摸索建造而成，体现村民因地制宜、永续利用的生态智慧。

图4-3　梯田道路系统分析图

4. 稻作系统景观的生态智慧

（1）稻鱼共生智慧

山泉水灌溉的梯田是禾花鱼的乐园，在插秧时节，村民们将鱼苗直接撒入梯田中，与稻谷一起生长。水田里的浮游生物和稻花可以为鱼提供食物，而鱼的排泄物是秧苗最好的肥料，鱼的游动和生长也自然起到了疏松土壤的作用。为了防止禾花鱼通过水口游入别家水田中，村民用竹篱笆挡住梯田的上下水口。稻谷收割时节，堵住上方水口，放干水流，便能获取禾花鱼。如需获取若干禾花鱼，则只需堵住上水口，取掉下水口的竹篱笆，便能流入竹篓，待获取足量的禾花鱼，再将竹篱笆重新放回。

（2）稻鸭共生智慧

稻鸭合种作为一种生态种养模式，具有悠久的历史。在秧苗栽植后，将雏鸭放养入梯田，利用雏鸭的杂食性特点，吃掉梯田内的杂草和害虫；利用鸭的活动刺激稻苗的生长；利用鸭的排泄物作为高效有机肥，提高稻米的品质。

（五）龙脊古壮寨聚落空间的生态智慧

1. 聚落空间的生态智慧

聚落景观空间系统有两种分类方式：一种是根据聚落的本质特点，按照功能与型构进行区分；另一种根据空间的存在形式加以区分。聚落空间具有功能性和社会性两种本质属性，俗称聚落空间的"二元性"。综合考虑二元属性，龙脊古壮寨的公共空间分别呈现出"点""线""面"三种不同的结构形态（表 4–1）。点状场所即聚落中的节点、中心，例如公共建筑或公共场所；线状场所指起连接作用的空间形式，它将各点串接起来，形成聚落的骨架；面状场所是近似斑块状的场所。

表 4-1　古壮寨空间分析

空间类别	空间要素	具体空间
点状空间	公共建构筑物、景观标志	凉亭、井亭、风雨桥、寨门、水碓坊、石碾房、太平清缸、古树、禾晾、石碑等
线状空间	交通空间	街巷、水道、敞廊、寨墙
面状空间	较大的公共场所	建筑围合的广场、聚落周边的田地

　　龙脊古壮寨的聚落公共空间与自然环境相辅相成，表现出对自然极高的适应性。公共空间的存在方式、布局形态都受到山地环境和自然条件的影响，与地形地貌、自然环境等因素相互融合成为有机体，聚落空间的营造体现了村民顺应自然的传统智慧。

2. 传统建筑的生态智慧

（1）营建布局智慧

　　龙脊古壮寨建筑建于山坡上，采用多种与坡地的接洽方式，包括悬挑、架空、退台等。将建筑融入地形环境中，体现了古壮寨建筑匠人的营建技艺和智慧。干栏式民居顺应山形地貌布局，坐南朝北，通风采光良好。杉木、竹、石材等建材均源于当地自然资源，造就与原生环境高度和谐统一的整体性风貌。聚落和谐统一的布局形式是龙脊先民与自然共存、共生的生态智慧。

（2）建筑结构智慧

　　壮、侗等少数民族将自己的房屋称为"干栏"。"干"意为"上"，"栏"意为"房子"，"干栏"即为"架在上面的房子"。建筑一层架空，局部用木栅栏围合，既能适应西南山地区域多水潮湿、蛇虫出没的自然条件，也能作为牛羊犬豕等牲畜养殖和堆放杂货的空间。

　　建筑结构具有遮阳、防雨、通风、防潮的功能。第一，建筑结构具有遮阳的功能。干栏建筑通过挑檐、批厦、吊柱出挑等方式遮蔽阳光，批厦在寨子里较为常见，可以有效减弱东晒和西晒；第二，建筑结构具有防雨的功能。坡屋顶和深出檐是主要的防雨设施，青瓦作为主要的防雨材质发挥了"防堵"的作用，建筑底层的石台基和石柱础可以阻止反溅的雨水侵蚀木材，从而延长了建筑的使用寿命；第三，建筑结构具有通风的功能。底层的架空可避免二层居住区与地面的直接接触，由于木材拥有较大的蓄热系数而且多孔，所以可以调和室内温度，并且吸湿解湿；第四，石台基和石柱础可有效隔离潮气，保证室内干爽。建筑从整体到细部结构，都体现龙脊先民的生态自然观，蕴含尊重自然、适应自然的营造思想。

3. 建筑材料的生态智慧

（1）木材造景与运用

古壮寨的干栏建筑为全木质，材料主要是杉树。杉树在山腰和山顶广泛种植，生长迅速且产量高，与桐油共用防腐性好。当地的杉木被称作"十八年杉"，即从幼苗到成材只需 18 年，父辈植木材，儿孙即可用。杉树自身具有抗拉、抗压、抗弯曲等优点，且自重轻，一般将其用作建筑柱、板、檩、枋、门窗、室内屏风板、屋顶和楼板等。寨内对于木材的应用还体现在建筑细节上，如木质防盗墙、木质牲畜棚、木质花窗、飘窗、木雕工艺品和木栏杆等。

（2）石材造景与运用

在村寨内和梯田中散布着形态各异的石材。龙脊古壮寨干栏式建筑常用石柱础，柱础之下常有毛石、片石等砌筑成的屋基和地基。干栏架空层墙面也可用石材干砌，为牲畜提供安全的饲养环境，同时可防潮防水。龙脊地区随处可见以石为材的各类景观，如石板路、石水缸、石碑、石台阶、石栅栏、石碾、石砚、石槽、石臼和石槌等。

（3）竹材造景与运用

寨子自古就有村民在梯田、房前屋后和溪流附近种植竹子的习惯。适龄的竹子砍伐后一般用作生产生活用具，如竹篱笆、竹枧、竹筒、竹凳，还可编织成竹篾、竹筐、竹席和竹斗篷，既低碳环保，也富有乡土气息。

4. 民俗文化的生态智慧

（1）服饰文化

壮族服饰文化源于自然，与自然共生相融。其表现在服饰的纹样和色彩方面。首先，在纹样方面，壮锦的编制是壮族姑娘达尼妹学习蜘蛛结网而成。其次，在色彩方面，服饰的染色材料源自植物枝条、根茎、叶子中，如黄色从姜或黄连中提取，红色从杨梅或茜草中提取，黑色取自枫叶。

（2）节庆习俗

梳秧节是龙脊壮寨最具代表性的传统节庆。每到芒种时节，地处大山深处的龙脊村民会选择一个好日子，在寨老的带领下来到"秧母田"烧香祈福。传说"秧母娘娘"是秧苗的保护神，秧梳是秧母娘娘的神物，用它梳理过的秧苗能苗壮生长。在节日当天，寨里会选出一位姑娘来装扮"秧母娘娘"，由两个壮汉抬走于梯田间，姑娘手捧"秧母神梳"在前引路，请秧母娘娘开秧门，祈求风调雨顺、五谷丰登。祈福仪式过后，锣鼓齐鸣，上千寨民才开始在梯田上中劳作。梳秧节展现了村民对自然的崇拜，体现了龙脊寨民尊重自然、崇敬自然的信仰。

四、结语

古往今来，以绿水青山为源，拜大自然为师，是将"人与天调"中国传统哲学理念应用于山地人居环境的珍贵遗产。山地民族地区与自然和谐共生的人居环境建设和营造经验，对于乡土景观的保护与营造尤为重要。壮族古语云："山有多高，水有多高""有了森林才会有水，有水才会有田地，有了田地才会有粮食，有粮食才会有人的生命"。壮族先民深知只有与自然和谐相处才能更好地生存繁衍，这种生态觉悟引发先民对天地之物的崇拜，如山崇拜、水崇拜、植物崇拜等。桂林龙脊古壮寨的选址布局、梯田开垦维护和聚落空间营造体现出"人与天调、天地人和"的生态伦理观、"合理利用、持续发展"的资源使用观，以及"因地制宜、因材致用"的营建技术观。

在乡村振兴战略推进的背景下，在"诗意栖居"美好生活目标的指引下，山地民族地区的传统智慧值得我们挖掘与学习。在现代科学技术占主导地位和人居环境面临重大挑战的今天，我们更应俯下身来，探究传统乡土人居营造智慧，将传统营造技艺与现代科技相结合，将地方性知识运用到生态文明实践中，践行绿色发展使命，述说中国山水语言，营造具有地域特色的乡土人居环境。

第 5 章　乡土景观意象保护与营造

一、研究背景与研究进展

（一）研究背景

吴良镛先生提出，人居环境的核心是"人"，人居环境研究是以满足"人类聚居"需要为目的 [45]。乡村景观意象的研究旨在改善乡村人居环境，使乡村风貌能在人们心中留下美好的认知印象。受城镇化的影响，乡村面临着许多问题。首先，乡村景观历史文脉和完整性的缺失，使人们逐渐丧失了对乡村的"归属感"和"认同感"。其次，对于当代的乡村建设来说，商业化建设的泛滥使其演变为单一的风貌，"千村一面"的景象屡见不鲜。基于此背景，应对乡村景观意象感知较强的景观区域进行保护，对景观意象感知较弱的冷点区进行原因探析，对具有民族特色与地域文化的乡村景观意象加以保护和提升，这是乡村规划与设计研究的重要课题，亦是乡村景观保护与发展的需要。

（二）研究进展

乡村意象是乡村随着历史发展，在人类头脑中形成的"共同心理图像"，与城市意象一样具有可识别性，两者不同之处在于乡村意象具有自然、农耕、乡土的特征。国内外对乡村景观意象从社会学、地理学、环境心理学、旅游学等不同角度进行了深入研究，早期国内乡村景观意象研究由城市意象研究发展而来。近年来，我国学者的乡村意象研究涉及理论和实践两个层面。

中国乡村意象理论研究可归纳为三大类：（1）结构性乡村景观意象研究。参照城市意象五要素，着重于对景观意象空间的分析。（2）独特性乡村景观意象研究。在物质景观意象的基础上，加入非物质景观方面的研究，更注重地域性、乡土性、特色性。（3）评估与应用性乡村景观意象研究。对乡村规划与设计中乡村景观意象的认知与情感进行评估。

从实践应用视角，可将乡村景观意象研究分为两个研究方向：（1）服务于美丽乡村建设的景观意象研究。（2）服务于乡村旅游规划与设计的乡村意象保护性研究。

本章节在建立乡村景观意象体系的结构基础上，以广西程阳八寨为例，总结现阶段程阳八寨景观意象，分析并提出乡村景观意象保护与营造策略，促进景观意象研究在乡村景观的维护与建设中发挥指导作用。

（三）概念解读

1. 意象与景观意象

"意象"一词很早就出现在中国的古籍、诗词以及绘画理论中，如见于《周易·系辞》。从"书不尽言，言不尽意，圣人立象以尽意"及"观物取象"之说，到刘勰的"窥意象而运斤"，都试图从理论角度对意象进行探讨。意象是客观物象自身一系列为人所熟知的自然特性，而景观意象则是人类意识与审美感知作用于环境景观、基于自然特性上的一种文化现象[46]。景观客体的外在物质形态与特征对人产生的直接或间接的经验认识构成了景观意象的本质，从而在人的头脑中形成一种综合的心理印象，是直接感觉与过去经验记忆的共同产物，能够反映景观环境的本质和属性，景观意象的产生是观察者与所处环境双向作用的结果。人对于外部环境整体形象的感知是由"人—物质""人—精神"两种关系构成的景观意象心理体系，"人—物质"中的物质意象感受包含了自然环境、景观空间、节点标志物景观等物质实体识别符号；"人—精神"中的精神意象指地域文化、民族风俗、居民生活形和景观服务形象和情感意象等非物质识别符号。二者信息来源范围既包括了景观物质实体要素，也包括景观的内在精神文化属性，二者的交叉与互补更能体现环境景观的整体形象水平，有助于创造可识别的景观意象。

2. 乡村意象与乡村景观意象

乡村景观意象没有一个统一的定义，国内专家学者在城市意象研究的基础上类比出乡村意象的研究内容与方法。乡村景观意象是乡村意象的一部分。乡村意象是人们对乡村的整体感觉和印象，是人们对乡村的反馈和映射在心理上的积淀，强调了乡村的整体氛围。熊凯在凯文·林奇的城市意象概念基础上提出了乡村意象的概念，认为乡村作为与城市相对应的另一种地域单元应具有独特的感觉形象。乡村意象如城市意象一样具有"可印象性""可识别性"的特点，且这种印象受到大众的普遍认可。乡村意象的内涵主要包括乡村景观意象和乡村文化意象。乡村意象是乡村在长期的历史发展过程中，在人们头脑里所形成的"共同的心理图像"，而乡村景观意象就是由乡村聚落形态、乡村建筑和乡村环境所构成的乡村景观直接给人们留下的表面印象[47]。王云才、刘滨谊提出，乡村景观意象是人们在对乡村景观的认知过程中，于信仰、思想、感受等多方面形成的一个具有个性化特征的景观意境图式[48]。乡村景观意象具有动态性、地方性和社会性特征[49]。乡村景观并非一成不变，受到历史变迁、时节更替的影响，具有动态性；风土差异、文化差异赋予了不同地区乡村聚落的地域特色，具有地方性；乡村景观意象受乡村整体发展形成的社会意识影响，感受主体与景观客体建立了一种普遍认可的审美联系，大众可识别的共同心理图景，具有一定的社会性。人们对于村寨聚落的印象可能是整体的。乡村的整体景观意象是各种景观元素综合而成的客观形象，通过人们所见所闻与情感活动融合而成的心理图像，是带有意蕴与情调的艺术形象。

3. 旅游目的地意象

John D.Hunt 将"意象"概念引入到旅游研究领域，用以说明旅游目的地意象的概念和形成条件[50]。旅游目的地意象 (Tourism Destination Image) 是指人们对旅游目的地观念、想法和印象的集合[51]，目的地意象包括认知意象和情感意象两个部分，对旅游目的地感知要素的有关知识和所持观念被称作认知意象（Cognitive Image），而基于个人感觉对旅游目的地所做出的评价则被称为情感意象（Affective Image）。部分学者将上述两个概念综合考虑，认为认知意象与情感意象共同构成了旅游目的地的总体意象（Overall Image）[52]。认知成分是游客对目的地的信任和满意度的综合，情感成分基于认知成分的功能而分离出来的一种情感评价，两者联系紧密[53]。总体意象是旅游目的地意象的第三个方面，其功能大于所有要素之和[54]。熊凯首次将"意象"的概念引入到乡村旅游[47]。王云才将乡村景观意象与旅游形象规划结合，强调了乡村景观意象规划在景观建设中的核心作用，利用乡村景观意象的分析对旅游目的地形象进行了深入的探讨[55]。由于旅游目的地研究大多是根据研究对象的具体情况来确定认知意象的维度，因此研究对象的认知意象范畴所涵盖的具体元素各不相同，这使得研究结论在一定程度上缺乏普适性。

二、乡村景观意象框架

（一）结构意象元素构成

多数学者以景观结构作为标准，将景观构成要素分为自然景观意象、人工景观意象、人文景观意象。其中，人文景观是指具有一定历史性、文化性的旅游吸引物，包括物质和精神两种表现形式。由于人文景观所包含的内容广泛，人工景观与人文景观的分辨存在困难，如古老的城墙、风雨桥、鼓楼这类具有历史性的实物景观，既是人工构建的景观，也是具有历史文化价值的人文景观，难以界定其归属范畴。因此，本章节在物质与非物质形态的分类依据上参照陈威[56]的分类标准，提出乡村景观结构意象的分类方法。非物质景观意象即人文景观中的精神文化部分。人工景观包括人文景观中的实物载体，最终将乡村景观意象中的结构意象划分为自然景观意象、人工景观意象和非物质景观意象三种，但结构意象所涵盖的具体元素须基于个案研究地的实际情况再做深入细分。

1. 自然景观意象

自然景观意象作为乡村景观意象中的基础元素，包括山体景观、水系景观和植物景观。山体和河流是自然景观元素的主要组成部分，特别在乡村景观里，这两大元素的构成和组合直接影响着村寨聚落的建制和空间布局。

2. 人工景观意象

人工景观意象作为静态的、人工建构的物质元素，是最容易被人们所感知和记忆的关键性元素，对乡村景观意象的形成具有决定性作用。人工景观意象包括道路交通、农业景观、民居建筑、公共建筑等。

3. 非物质景观意象

非物质景观意象特有的审美价值和艺术魅力作为一种看不见的风景，以其独有的历史文化、地域特色、民族风情以及人类活动场景，同样影响着人们的情感记忆。非物质景观意象主要包括宗教信仰、艺术文化、饮食文化和民俗文化等。由于地域文化差异，乡村可能是汉族村落也可能是少数民族聚集地，因此存在民族文化意象等独特的景观意象。非物质景观意象是乡村的一种"氛围"，这种"氛围"必须通过作为实物的景观触发而生成。

（二）情感意象元素构成

情感意象是基于个体心理层面的直接感知意象，旅游者的情感通常被划分为积极情感和消极情感两大类[57]，故而情感意象也可笼统地划分为积极情感意象和消极情感意象两种，中性情感意象在数据分析研究中难以界定，因此本文不予讨论。无论是从对旅游地感知的直接与间接程度出发，还是从个体心理映射层面出发，情感意象都是不可或缺的部分，对情感意象进行合理的分析与引导设计更有利于满足旅游者心理需求，营造一个更利于乡村可持续发展的环境。

三、研究对象与研究方法

（一）研究对象

广西程阳八寨位于广西壮族自治区柳州市三江侗族自治县的林溪

乡境内，地处东经 109°37′~109°38′，北纬 25°53′~25°54′。程阳八寨是一个拥有马鞍（安）寨、平寨、岩寨、平坦寨、东（懂）寨、程阳大寨、平埔（甫）寨、吉昌寨 8 个自然村寨的侗族千户大寨，占地面积 12.55 平方公里，距三江县城 19 公里。本书以程阳八寨为研究范围，将程阳八寨景观意象作为研究对象，以马蜂窝、携程旅游、小红书、新浪微博头条文章作为数据采集平台，将筛选的 80 篇网络游记文本作为研究样本，对游记文本与照片所反映的具体乡村意象元素范畴与情感评价进行分析，研究其结构意象的构成与情感意象的倾向性。

（二）研究方法

游记是研究旅游体验的重要数据来源之一。笔者从到访程阳八寨的游客角度出发，了解游客在游记中景观喜好和照片热门拍摄地的分布情况，进行程阳八寨景观意象解析，对广西程阳八寨景观意象研究具有重大价值。

本章节共选取 80 篇游记作为样本数据研究广西程阳八寨的景观意象。首先，运用 ROST CM6 软件对游记文本进行内容分析，提取前 100 的高频词，对高频词进行归类，提炼出基于游记文本的广西程阳八寨景观意象感知。其次，运用 NVivo 11.0 软件对游记照片进行编码，通过三个阶段编码提炼出基于游记照片的程阳八寨旅游体验感知。再次，再将提炼的景观感知进行对比分析，得到广西程阳八寨的景观意象维度，从主观认知和客观条件两方面出发，分析游客积极情感中高峰体验产生的原因及消极情感产生的原因，探究程阳八寨游客情感的空间分布规律。最后，分析拍照指数和游客情感倾向，总结广西程阳八寨景观意象特征，并提出保护与营建策略。

四、基于网络游记的广西程阳八寨景观意象解析

（一）基于 ROST CM6 的游记文本景观意象解析

运用 ROST CM6 软件中的分词功能，对整理后的 80 篇游记共95890 字进行分词，再运用软件进行词频分析，经过滤后获得高频词。本章节按词频高低选择前 100 个与研究主题有关的高频词，对高频词进行归类，提炼出广西程阳八寨景观意象感知。

1. 基于游记文本的高频词分析

将游记文本数据导入 ROST CM6 软件进行分词和高频词进行分析。第一，将意思相同或者相近但表述方式不同的词进行归并词（表5-1）；第二，按照词频由高到低选取前 100 个与主题有关的高频词；第三，利用 ROST CM6 梳理反映游记文本高频词之间关联的共现语义网络（图 5-1）。

表 5-1　归并词统计表

词名	词频	归并后词名	词名	词频	归并后词名
风雨桥	259	风雨桥	米酒	23	米酒
程阳桥	63		喝酒	16	
永济桥	21		重阳酒	16	
合龙桥	18		高山流水	14	
客栈	158	住宿	百家宴	113	百家宴
住宿	40		百家饭	19	
酒店	32		长桌宴	4	
木结构	61	木结构	螺蛳粉	22	螺蛳粉
卯榫结构	13		螺丝粉	13	
木质	22		一两粉	14	

续表

词名	词频	归并后词名	词名	词频	归并后词名
河流	32	林溪河	大寨	31	程阳大寨
林溪河	13		程阳大寨	14	
表演	107	表演	马鞍寨	54	马鞍寨
歌舞	28		马安寨	34	
唱歌	23		吊脚楼	33	吊脚楼
祝酒歌	12		阁楼	20	

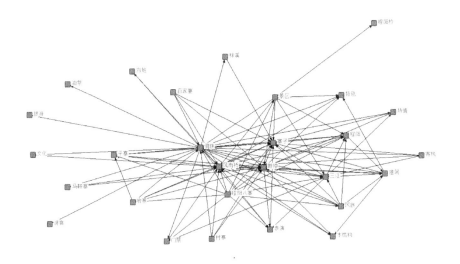

图 5-1　高频词分析共现网络图

从图 5-1 中可知语义网络呈现以"风雨桥""鼓楼""侗族""寨子"为主的多中心结构。游客的感知集中于程阳八寨的建筑景观要素,"风雨桥"与"鼓楼"作为最中心的两个名词与"平寨""岩寨""马鞍寨"这三个名词存在共现关系。从程阳八寨景观视角看,在三个村寨的范围内都能从多个观景视角看到风雨桥和鼓楼,且村寨聚落风貌以"木结构"为特色,所以它们之间存在词汇共现关系。除此之外,"特色""民族""表演""建筑""热情"等 23 个词汇紧紧围绕着中心结构展开。

2.基于游记文本的程阳八寨景观意象元素构成

基于上文的高频词分析，挖掘前 100 位高频词之间的内在逻辑关系，将表达游客对广西程阳八寨景观意象感知程度的所有高频词进行筛选归类，根据实地调研经历，结合游记文本内容，提炼出广西程阳八寨景观意象要素（表 5-2）。

表 5-2　广西程阳八寨景观意象要素（基于游记文本）

主类目	次类目	高频词（频数）
自然景观意象	自然山水	林溪河（45）、山顶（32）、风景（30）、自然（29）、山水（26）、全景（24）
	气象景观	蓝天（24）、白云（22）
人工景观意象	农业景观	水稻（34）、山茶（22）、油菜花（22）
	道路交通	田埂（24）、交通（23）、台阶（16）、青石板（16）
	人工建筑	风雨桥（361）、鼓楼（251）、寨子（243）、建筑（142）、木结构（96）、侗寨（69）、吊脚楼（53）、村寨（46）、景观亭（31）、桥墩（22）
	公共设施	住宿（230）、水井（87）、门票（57）、水车（47）、广场（40）、公交车（36）、休息（32）、车站（26）
非物质景观意象	艺术文化	表演（170）、特色（76）、芦笙（39）、文化（35）、侗族大歌（23）、多耶（26）、写生（18）
	民俗风情	侗族（335）、篝火（26）、民族（82）、新娘（48）、风情（30）、服饰（28）、绣球（27）、习俗（27）、刺绣（26）、头巾（26）、银饰（24）、三子棋（22）
	宗教信仰	萨坛（23）、古老（22）、历史（22）、原始（16）
	饮食文化	百家宴（136）、油茶（70）、米酒（69）、螺蛳粉（49）、茶叶（40）、禾花鱼（31）、路边摊（28）、糯米饭（26）、艾叶粑粑（25）、侗家三宝（24）、美食（23）、酸鸭（23）、味道（22）、小吃（22）、酸肉（22）、腊肠（22）、品尝（21）、腊肉（20）、饭菜（20）
情感意象	感受体验	热情（55）、壮观（36）、美丽（31）、开心（30）、喜欢（26）、安静（20）、便宜（20）

续表

主类目	次类目	高频词（频数）
其他	社会交往	当地 (78)、老板（56）、游客（52）、拍照（48）、司机（37）、包车（30）、老板娘（30）
	聚落名称	三江（284）、程阳八寨（203）、程阳（157）、景区（151）、岩寨（112）、马鞍寨（88）、平寨（75）、程阳大寨（45）、吉昌寨（44）、平坦（38）、平铺（26）

根据表 5-2 可知，程阳八寨的 80 篇游记文本中，对目的地乡村聚落名称具有较高认知，旅游目的地名称词频共为 1223 次。自然景观意象、人工景观意象、非物质景观意象与情感意象的词频分别为 232 次、2026 次、1864 次、218 次。从景观意象词频分析中可知以下 3 点。

（1）"风雨桥""鼓楼""木结构""吊脚楼"等建筑词汇词频较高，说明程阳八寨的人工景观造型独特，吊脚楼构成的侗寨建筑给游客留下了深刻的印象。（2）8 个村寨在游客心中感知强度不同。"岩寨""马鞍寨""平寨"的词频较高，在空间形态上连接成片的三个村寨，其拥有歌舞表演的戏台和举办百家宴的鼓楼广场，游客对这三个村寨的景观意象认知更为深刻。平铺寨和吉昌寨地理位置较偏、到访游客较少，游客的景观意象感知不如前三个村寨。（3）"百家宴""油茶""表演""篝火""侗族大歌"等高频词显示了广西程阳八寨非物质景观资源丰富而有趣，对游客具有较强的吸引力。

（二）基于 NVivo 11.0 的游记照片景观意象解析

该小节主要分为景观意象元素的提取和景观意象元素共现网络分析两个步骤。

（1）景观意象元素的提取：运用 NVivo 11.0 软件对 1230 张游客照片的感知意象内容分成 3 个阶段进行编码。一是开放式编码。编码者将筛选的每张照片视为是一个独立的内容单元，逐一添加概念化标签进行编码，建立自由节点。二是主轴编码。将自由节点依据其内容的类似性和逻辑性进一步归类，得出自由节点范畴化元素。三是选择性编码。通过比较分析所有自由节点、各个景观元素以及原始资料，提炼程阳八寨景观元素范畴与景观意象维度。

（2）景观意象元素共现网络分析：游记照片编码后，利用 ROST CM6.0 软件对其进行社会网络分析。首先，将 NVivo 11.0 中导出编码节点名称的文本数据，置入 ROST CM6.0 软件进行分析，得出节点的共现网络。其次，进行节点关联度分析，呈现节点共现网络的重要性和关联性情况。

1. 景观意象范畴与维度

通过对 1230 张游客照片进行逐级编码，最终得到 45 个自由节点、8 个景观意象元素范畴、3 个景观意象维度（表 5–3）。按照游记照片的自由节点数值统计，建筑形制类的景观意象游客感知远超出其他景观意象类别，以鼓楼、风雨桥、吊脚楼为代表的景观成为最具视觉吸引力的景观元素，游客对其具有最高的景观偏好。村寨周边优美的自然田园景观也吸引较多游客的关注，其中"林溪河""稻田""植物"景观元素的编码次数较高，程阳八寨群山与林溪河、稻田一起形成优美的山水田园画卷，游客对其表现出较高的景观偏好。非物质景观意象感知强度总体偏低，但"百家宴""表演"作为具有较高互动性、体验性的侗族特色活动，游客较为感兴趣。

表 5–3　广西程阳八寨景观意象要素（基于游记照片）

自由节点（数值）	范畴化要素	结构意象归属
林溪河（116）、植物（50）、天空（39）、山体（34）	自然景观	自然景观意象

续表

自由节点（数值）	范畴化要素	结构意象归属
稻田（74）、山茶（33）、油菜花田（5）	农业景观	人工景观意象
水车（11）、篱笆（8）、稻草景观小品（5）		
石板路（62）、田埂（26）、栈道（23）、台阶（23）	道路交通	
风雨桥（189）、鼓楼（113）、戏台（62）、水井（26）、标示牌（25）、酒坊（12）、寨门（11）井亭(10)、水坝（10）、茶坊（6）、广场（5）、翼角装饰（5）、匾额（4）、市场（2）	公共建筑	
吊脚楼（166）、客栈（18）、木结构（12）、灯笼（4）	民居建筑	
萨坛（3）、功德碑（5）	宗教信仰	非物质景观意象
表演（70）、、手工艺品（8）纺织（7）、乐器（2）	艺术文化	
百家宴（65）、螺蛳粉（11）、小吃（15）、油茶（8）、高山流水（6）	饮食文化	
村民（45）、写生（7）	人物活动	其他

2. 景观意象元素的共现网络结构

运用 ROST CM6.0 软件对程阳八寨的整体景观意象进行社会网络分析，得出游客对各景观的偏好，反映其对程阳八寨景观意象在视觉上的感知程度。由图 5-2 可知，吊脚楼、风雨桥、鼓楼是游客凝视程度最高的人工景观意象元素。其次，林溪河、天空、植物是游客照片中最常出现的自然景观意象元素。观察各节点与中心节点的关联可归纳出 4 种典型的景观意象组合："林溪河—植物—天空—山体—风雨桥""天空—山体—稻田—田埂—吊脚楼""石板路—鼓楼—天空""鼓楼—表演—百家宴"。林溪河作为中心，与天空、吊脚楼、风雨桥等 12 个关联词共现；风雨桥作为中心，与手工艺品、村民、山体等 11 个关联词共现，呈现出照片中人工景观意象元素常以自然景观意象元素为背景或前景，共同构成程阳八寨的环境图景。鼓楼与林溪河、吊脚楼、表演等 12 个节点关联词共现，这些人工景观意象元素与非物质景观意象元素围绕着鼓楼这一地标性建筑，共同构成侗寨的生活图景。这种自然与人文相融、传统与现代相映的民族村寨景观遗产对游客具有较大的吸引力，体现其对诗意人居环境的向往。

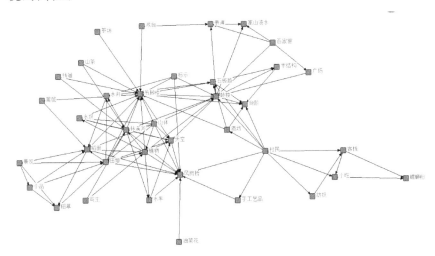

图 5-2　游记照片的景观意象网络共现图

（三）程阳八寨景观意象的空间布局

1. 程阳八寨景观意象空间分布特征

基于程阳八寨游记文本和照片分析总结出的景观意象将其映射于空间格局中，形成景观意象空间分布特征有以下 4 点。

（1）在游记照片中，自然景观意象元素常以背景或前景的形式出现。绵延的山体与苍翠的杉木作为背景衬托着村寨木构建筑，山林与建筑材质、颜色相得益彰。稻田、油菜花、山茶园等农业景观作为风雨桥、村寨聚落的前景，为空间带来了生机。（2）游客的活动轨迹主要集中在人工景观意象元素周边，如风雨桥及鼓楼广场空间。（3）村寨聚落的街巷空间在游记中的出现频率较高，可见游客对于古色古香的木构建筑和狭长幽深的寨内巷道具有较强烈的感知倾向。（4）拦门酒、芦笙舞、侗族大歌等艺术表演场面出现频率较高，主要在马鞍寨石阶、永济桥石阶入口展现拦门酒活动，在平寨、马鞍寨、岩寨三个寨子举办百家宴、芦笙舞、侗族大歌活动。

综上，程阳八寨的自然景观多层次环绕并以林溪河贯穿景区内外空间，人工景观元素在空间上形成紧密聚集的形态遍布村寨，而非物质景观意象元素依托人工景观意象元素分布于岩寨、马鞍寨和平寨的公共空间。

2. 程阳八寨景观拍摄热点分布

游客通过拍照表达自己的旅游偏好，以及对旅游目的地的认知，不同的拍照指数（拍照指数 = 景点照片数 / 照片总数）能够反映游客旅游欲求的满足程度，以及游客对旅游目的地的认知情况。通过程阳八寨景区内各景点的拍照指数对比，可以分析出景观意象元素的感知强弱程度。通过游记作者对照片的标注、游记图文对应、笔者调研经历进行照片视角比对，将游记中保留的 1230 张照片按拍摄内容进行分类，剔除无法反映拍摄位置的 232 张内容为美食、手工艺品、人物特写等照片，将 998 张照片定位到程阳八寨的各个景点，归纳出游客拍摄照片的地点或路段，可以统计出各景点照片数目和游客拍照指数（表 5-4）。

表 5-4　游客拍照指数统计表

照片拍摄地点 / 路段	景点名称	照片数量	各景点拍照指数
马鞍寨 / 观景台 / 花田	永济桥	82	6.67%
马鞍寨 / 岩寨 / 平寨	合龙桥	80	6.50%
岩寨 / 平寨	万寿桥	18	1.46%

照片拍摄地点 / 路段	景点名称	照片数量	各景点拍照指数
岩寨 / 平寨 / 县道	普济桥	9	0.73%
	频安桥	2	0.16%
	马鞍鼓楼	28	2.28%
	马鞍戏台	17	1.38%
	马鞍寨百家宴	24	1.95%
马鞍寨	酒坊	12	0.98%
	茶坊	6	0.49%
	石阶	23	1.87%
	马鞍寨寨门	3	0.24%
	马鞍寨民居建筑	36	2.93%
	马鞍寨巷道	12	0.98%
	岩寨鼓楼	30	2.44%
	岩寨戏台	45	3.66%
	岩寨百家宴	20	1.63%
	岩寨寨门	2	0.16%
	岩寨民居建筑	40	3.25%
岩寨	客栈	18	1.46%
	水车	11	0.89%
	萨坛	3	0.24%
	岩寨巷道	30	2.44%
	龙风井	12	0.98%
	上下井	7	0.57%
	醉山泉	4	0.33%
	懂井	3	0.24%
平寨	思源亭	6	0.49%
	月也歌堂	62	5.04%
	平寨百家宴	21	1.71%
	平寨独柱鼓楼	52	4.23%

照片拍摄地点/路段	景点名称	照片数量	各景点拍照指数
平寨	平寨寨门	5	0.41%
	平寨民居建筑	46	3.74%
	稻田	74	6.02%
	茶园	33	2.68%
	木栈道	23	1.87%
	平寨巷道	20	1.63%
	独柱鼓楼前广场	5	0.41%
程阳大寨	大寨寨门	6	0.49%
	大寨鼓楼	3	0.24%
	大寨民居建筑	2	0.16%
吉昌寨	吉昌鼓楼	2	0.16%
	民居建筑	7	0.57%
平坦寨	平坦鼓楼	2	0.16%
	平坦民居建筑	4	0.33%
平铺寨	平铺鼓楼	2	0.16%
东寨	东寨鼓楼	1	0.08%
县道	平懂鼓楼	3	0.24%
	市场	2	0.16%
	民居建筑	24	1.95%
观景台	民居建筑全景	3	0.24%
	赖努亭	2	0.16%
	听耶亭	2	0.16%
花田	油菜花	5	0.41%
合计		998	81.14%

　　拍摄的前十五名热门景点分别是永济桥、合龙桥、稻田、月也歌堂、平寨独柱鼓楼、平寨民居建筑、岩寨戏台、岩寨民居建筑、马鞍寨民居建筑、茶园、岩寨鼓楼、岩寨巷道、马鞍鼓楼、马鞍寨百家宴以及县道两侧的民居建筑。其中永济桥82张，拍照指数6.67%；合

龙桥 80 张，拍照指数 6.50%；稻田 74 张，拍照指数 6.02%；月也歌堂 62 张，拍照指数 5.04%；平寨独柱鼓楼 52 张，拍照指数 4.23%；平寨民居建筑 46 张，拍照指数 3.74%；岩寨戏台 45 张，拍照指数 3.66%；岩寨民居建筑 40 张，拍照指数 3.25%；马鞍寨民居建筑 36 张，拍照指数 2.93%；茶园 33 张，拍照指数 2.68%；岩寨鼓楼和巷道均为 30 张，拍照指数 2.44%；马鞍鼓楼 28 张，拍照指数 2.28%；马鞍寨百家宴照片 24 张，拍照指数 1.95%；公路两侧民居建筑照片 24 张，拍照指数 1.95%。

3. 景观意象分布成因探究

侗族的文化凝聚力在空间格局上体现了向心力和秩序感，各个景观之间的相互渗透使程阳八寨的景观具有较强的整体性。侗族聚落空间格局的秩序感和侗族文化元素的神秘感，吸引人们体验迥异的地域文化和旖旎的民族景观。

景观意象的感知程度受空间分布影响，分布密集的村寨景观更容易形成重点景观意象。其中岩寨、马鞍寨、平寨这三个相邻的村寨旅游开发程度较高，每个村寨的鼓楼广场用以举行旅游活动，在节庆时结合百家宴与民族歌舞表演的活动模式已然成熟，形成人工景观、非物质景观相结合的景观意象。平铺、吉昌、平坦三个村寨游客到访量较低，主要有两个方面的原因：一是地理位置分散而偏远；二是村寨存在新老建筑混杂、景观效果不佳等问题，降低了景观的观赏性。

景观意象空间分布具有结构意象层次丰富的特征。由山、水、民居建筑构成的景观空间更易成为游客关注的重点景观意象。如风雨桥不仅可以作为连接村寨的交通枢纽，也能提供休憩、观赏的公共空间，是具有丰富意象层次的公共空间。桥外，林溪河、青山、鼓楼、吊脚楼在风雨桥的视线中形成完整的风景意象。桥内，人来人往的桥廊空间也成为游客喜爱的景观意象。

非物质景观意象的分布依托人工景观意象空间，如月也歌堂的表演是拍摄热门地点之一，表演与戏台密不可分。百家宴在鼓楼前举办，伴随着芦笙舞和民族服饰展览、纺织演示等节目，伟岸壮观的鼓楼作为背景令游客记忆深刻，鼓楼、戏台与歌堂成了重要的景观意象。

（四）程阳八寨景观的情感意象

1. 基于游记文本的情感意象

运用 ROST CM6 软件的情感分析功能，对打散为一句一行的游记进行情感分析，总结出游客情感倾向，即游记中积极情感、消极情感和中性情感的分布情况。再比对游记原文总结游客情绪影响因素，并运行 ROST CM6 软件，将之前整理好的文本文档"游记文本汇总分析文件 .txt"全文 95890 字打散为一句一段进行情感分析，结果显示：发言总数 287 条，积极情绪 140 条，占比 48.78%；中性情绪 108 条，占比 37.63%；消极情绪 39 条，占比 13.59%。

由于中性情感难以界定，本文主要研究游客的积极情感和消极情感，因此在除去中性情绪 108 条后得到 179 条游客情感倾向（表 5-5）。

表 5-5　游客情感倾向统计表

情绪结果	条数	占比	情绪波段	条数	占比
积极情绪	140	48.78%	一般（0—10）	76	26.48%
			中度（10—20）	35	12.20%
			高度（20 以上）	29	10.10%
消极情绪	39	13.59%	一般（−10—0）	33	11.50%
			中度（−20—−10）	2	0.70%
			高度（−20 以下）	0	0.00%

积极情感划分为三个层次，一般 (0–10)、中度 (10–20)、高度 (20 以上)。可以看出，游客在文字表达积极情感时遣词造句比较含蓄、优美，一般 (0–10) 这档情绪占比更高。通过游记文本的情感分析详细结果发现，游客积极情感主要体现在以下六个方面：（1）对原生态自然风光的赞美；（2）对精妙建筑工艺的赞叹；（3）对热情淳朴村民的夸赞；（4）对侗族特色美食的喜爱；（5）对村寨夜晚静谧氛围的沉醉；（6）对民俗活动和表演的喜爱。

消极情感也划分为三个层次，一般 (–10~0)、中度（–20~–10）、高度 (–20 以下)。从表 5–5 中可以看出，游客的消极情感虽存在，但强烈程度不高，以惋惜、轻度抱怨为主。通过游记文本的情感分析详细结果发现，消极情绪主要受外部环境的影响较大，抱怨内容包括道路交通问题、乡村风貌管理问题、服务设施问题、饮食卫生问题，而照片中的消极情绪来源于建筑与周围环境的不和谐，杂乱的电线、随意堆放的建筑材料破坏了整体的风貌，还有阴雨天灰蒙蒙的环境色彩也容易使人产生消极的情绪。

2. 基于游记照片的情感意象

进一步分析程阳八寨游记照片的情感意象，依据 James A 和 Russell 对目的地情感形象要素的分类以及 Steve Pan 对情感形容词的归类方式，参考学者邓宁、钟栎娜、李宏在《基于 UGC 图片元数据的目的地形象感知》中对情感特质描述词的中文翻译，得到五种对应的情感特质分类：（1）Arousing– 令人振奋的，包含强烈的震撼和吃惊的情绪；（2）Exciting– 兴奋的，包含有趣的、伟大的等赞叹情绪；（3）Pleasant– 令人愉快的，包含美丽的、美味的等心情愉悦的情绪；（4）Relaxing– 令人放松的，包含自然的、安静的心旷神怡的情绪；（5)Gloomy– 沮丧抑郁的，包含压抑的、杂乱的、商业化等抱怨情绪。

根据广西程阳八寨景观意象要素（基于游记照片）可知，表格中共有45个自由节点，主轴编码后得到9个要素范畴即自然景观、农业景观、道路交通、公共建筑、民居建筑、宗教信仰、艺术文化、饮食文化以及人物活动。从每个范畴中各随机选取5张照片，共计45张图片制作成景观情感评价表，邀请风景园林专业相关人士20名对其进行情感评价，得到20个情感评价样本，共计900条情感评论。其中，中性情感即无明显感情倾向的客观描述226条，积极情感612条，消极情感62条。

将样本中612条积极情感和62条消极情感提炼出表达情感色彩的形容词，与五种情感特质对应，按照情感特质进行分类，得到Arousing-令人振奋的、Exciting-令人兴奋的、Pleasant-令人愉快的、Relaxing-令人放松的、Gloomy-沮丧抑郁的五种主要情感评价（表5-6）。

表5-6　基于程阳八寨照片评论的情感形象及比例关系

序号	情感特质	情感形容词（数量）	合计	占比
1	令人振奋的	壮观的（47）、气势磅礴的（15）、惊奇的（6）、强烈的（4）、惊艳的（2）	74	8.2%
2	令人兴奋的	有趣的（27）、金碧辉煌的（20）、奇妙的（17）、欢乐的（8）、神圣的（7）、充满智慧的（7）、喜庆的（6）、亮眼的（5）、仪式感（2）	99	11.0%
3	令人愉悦的	独特的（76）、美丽的（43）、生机勃勃（33）、清新的（32）、艺术感（22）、美味的（16）、色彩丰富（16）、清澈的（16）晴朗的（15）、层次感（9）、线条感（8）、可爱的（4）、心爱的（1）、动人的（1）	292	32.4%
4	令人放松的	悠闲自在的（23）、古朴的（22）、原生态的（13）、宁静的（49）、和谐的（20）、干净整洁的（14）、轻松的（6）	147	16.3%
5	沮丧抑郁的	杂乱的（14）、灰蒙蒙的（13）、孤独的（12）、黑色的（11）、不和谐的（9）、敬畏的（3）	62	6.9%

（五）程阳八寨景观意象的特征解析

1. 程阳八寨景观意象的感知度

综合文本和照片分析结果中结构意象的三类构成要素的感知强度和顺序基本一致，游客对程阳八寨景观结构意象的感知强度序列为：人工景观意象 > 非物质景观意象 > 自然景观意象。结合调研现状可归纳出程阳八寨的整体意象为：大聚居小分散，五寨聚组团，三寨西北散，侗民择水居，天人两相安，林溪河南去，"几"字绕马鞍。

从游记词频和各景点拍摄照片的数量上也可以看出程阳的八个寨子在游客心中的感知强度不同，排序为：岩寨 > 马鞍寨 > 平寨 > 程阳大寨 > 吉昌寨 > 平坦 > 平铺 > 东寨。由表 5–7 可看出八个寨子、县道、观景台、景区入口花田等 11 个地点或路段拍摄照片数量比例不同，按照受欢迎的程度排序为：平寨 > 马鞍寨 > 岩寨 > 县道 > 景观台 > 程阳大寨 > 花田 > 吉昌寨 > 平坦寨 > 平铺寨 > 东寨。

表 5–7　拍照地点或路段受欢迎程度

地点 / 路段名称	游记照片数量	比例	受欢迎程度排序（从高到低）
平寨	354	28.78%	1
马鞍寨	297	24.15%	2
岩寨	238	19.35%	3
县道	35	2.85%	4
景观台	12	0.98%	5
程阳大寨	11	0.89%	6
花田	10	0.81%	7
吉昌寨	9	0.73%	8
平坦寨	6	0.49%	9
平铺寨	2	0.16%	10
东寨	1	0.08%	11

2. 程阳八寨景观意象的维度

对比文本内容分析与照片扎根理论法分析得到的程阳八寨景观意象元素构成，基于游记文本可归纳出自然山水、气象景观、农业景观、道路交通、人工建筑、公共设施、艺术文化、民俗风情、宗教信仰、饮食文化、感受体验、社会交往、聚落名称 13 个范畴。基于游记照片可得到自然景观、农业景观、道路交通、公共建筑、民居建筑、宗教信仰、艺术文化、饮食文化、人物活动 9 个要素范畴。

最后经过对比文本与照片体验感知各方面包含的具体要素，综合提炼出山体景观、水系景观、植物景观、天象景观、农业景观、道路交通、民居建筑、公共建筑、宗教信仰、艺术文化、饮食文化、民俗文化共 12 个要素范畴，结构意象构成要素包含自然景观意象、人工景观意象、非物质景观意象 3 个维度（表 5-8）。

表 5-8　广西程阳八寨景观结构意象维度 (基于文本与照片)

景观意象构成要素范畴	景观结构意象维度
山体景观、水系资源、植物景观、气象景观	自然景观意象
农业景观、道路交通、民居建筑、公共建筑	人工景观意象
宗教信仰、艺术文化、饮食文化、民俗文化	非物质景观意象

3. 程阳八寨景观意象的特征

（1）侗寨风情促成景物样态的独特性

侗族人民在长期生产生活实践中不断适应自然环境，在数百年的营建与调适过程中传承地域文脉特征，形成具有民族特色的物质文化景观，造就山水、建筑、田野等景物的独特样态。村寨建筑是整体景观意象的核心层，也是最具吸引力的意象元素，其布局巧妙，鼓楼、戏台、吊脚楼间错落有致；河溪上依水而建的风雨桥，即可行人，又可避雨。农田、水体及山林作为围合层，依势穿插布置于村寨核心层外围，各类人工景观意象元素在自然景观意象元素的基础上交融叠合，建筑、山林、溪河相互辉映，形成特征鲜明、浓厚且独特的景物样态。

（2）多重结构丰富场所感知的层次性

程阳八寨所处的山水环境类型丰富，依山傍水，村后为茂密的风水林，村前为清澈的林溪河。在不同地理环境下，村寨随势赋形，景观场所感知具有层次性。在沿水区域，翘首如腾龙般的风雨桥跨水而设，公共空间依水而生，因地制宜形成依水而居的临水空间场所；在地形高低起伏处，地形限制力强，村寨顺应地形而建，形成鳞次栉比的侗寨建筑布局和曲折交错的街巷格局，整体呈现层次分明、人文景观丰富的空间场所。村寨后的山体覆盖着大面积的林木可为涵养村寨水源打下基础，也为侗家人提供良好的人居环境，更为程阳八寨整体景观意象增添隐逸古拙的环境氛围。

（3）地域文化产生景观意象的显隐性

作为文化景观遗产丰富的民族村寨，程阳八寨景观意象蕴含着"外显-内隐"属性，即为物质文化景观的"显"与非物质文化景观的"隐"。程阳八寨内的自然景观、人工景观、文化遗存等动态或静态的物质景观意象元素都能被旅游者直接感知，称为"显性意象"；游客对程阳八寨的民俗风情等非物质文化景观符号的"旅游凝视"会产生想象及情感意象。游客作为外来者，以观赏侗寨美景、体验侗族文化为主要动机，更容易被望得见山、看得见水的动人景色所吸引，由此产生"独特的""壮观的""宁静的"等心理感受，称为"隐性意象"。程阳八寨景观意象的显隐性特征，使游客显性意象感知相对较为强烈，隐性意象感知更为深刻，更能引发和触动内心情感。

（4）自然古拙营造图景氛围的韵律性

程阳八寨的景观意象元素并非都是静止的，也包含了丰富、多元的动态意象元素。"风雨桥""鼓楼""稻田""吊脚楼""木结构"等属于静态意象元素，而代表性的动态意象元素主要为流动的"林溪河"、热闹的"百家宴"、绚丽的"侗族表演"，动静结合的意象元素共同勾勒出一幅立体直观、绘声绘色的景观意象图景。林溪河作为开敞的线性空间，串联活化沿岸的静态及动态意象元素，使得两岸的景观动静交替、灵活精巧、和谐统一，营造出富有韵律感的民族村寨情境氛围。

五、程阳八寨乡土景观意象保护与营建策略

从程阳八寨的结构意象保护与治理入手，强化乡村意象特征，更好地延续地域性乡村风貌。从上文可知结构意象元素的感知强度排序，程阳八寨的人工景观意象感知强度最高，其次是非物质景观意象，末位是自然景观意象。可见不同类型的结构意象触发游客心理感受的强弱程度不同，以下分别从三种类型的结构意象元素入手，提出有针对性的景观意象营造策略，以期强化其识别特征。

（一）保护自然景观意象

程阳八寨是自然山水环境与村民共同做功的成果，保护自然环境意象是乡村可持续发展的基础。林溪河、天空、植物作为游记照片中心性最强的三种自然景观意象元素，是保护与治理的重点对象。从山体景观、水系景观、植物景观、气象景观四类景观物象着手，在强化各构成元素可识别特征的同时，积极构建村寨和谐景观图景，维护"人—动物—村落环境"和谐的景观意象。

（二）维护人工景观意象

通过程阳八寨的游记样本分析可知，人工景观意象的游客关注度

最高。程阳八寨的人工景观意象主要包含农业景观、道路交通、民居建筑、公共建筑四类。村寨的人工景观意象特征鲜明，聚落依山傍水而建，道路与农田错落交织其中。人工景观意象是乡村景观识别和记忆的重要元素。维持乡村特有的亲人尺度，以"局部协调，整体把控"作为风貌控制准则，保护村寨农业景观与建筑整体风貌的和谐统一，并在色彩、轮廓、空间、尺度四个层面强化人工景观意象的特征。

（三）延续非物质景观意象

程阳八寨的非物质景观意象主要体现为宗教信仰、艺术文化、饮食文化、民俗文化四类元素。合理的旅游开发是实现文化传承和发展的有效途径。在旅游开发中，应避免商业化对非遗资源原真性的破坏。我们需对现有表演进行提升，保证活动对文化内涵的传达。当地人作为非遗资源主要传承者，应增强非遗资源的主人翁意识，实现对非遗文化活态的保护、传承，从而更好地向旅游者传递非遗文化，促进非遗旅游资源更好发展。作为地方政府，充分挖掘、整合当地的非遗资源，搭建文化交流的平台，是实现统一保护的有效途径。

在大数据时代，可引入数字化博物馆形式，解决民俗节庆特定活动时间与游客随机需求之间的矛盾，同时打破传统博物馆时间、空间的限制，实现虚拟化、网络化经营。另一方面，对传统农业工具、农耕场景、发展历史、节日习俗、服饰、饮食引入数字景观互动装置、VR 眼镜等形式，供人学习、交流、参观，实现对非遗资源的传承、弘扬，从而更好地向旅游者传递非遗文化，实现非遗旅游资源的更好发展。

（四）强化积极情感意象

游客对程阳八寨的情感倾向以正面为主，积极情感来源于对原生态自然风光的欣赏、对精妙建筑工艺的叹服、对热情淳朴村民的好感、对侗族特色美食的喜爱、对村寨夜晚静谧氛围的享受、对民俗活动和表演的赞赏六个方面。应基于积极情绪的诱发因素有针对性地提出提升策略：第一，对于村寨的自然风光和聚落建筑应以保护为主、修复为辅，保持民族村寨建筑的整体性和原真性，营造本真静谧的景观环境；第二，加强旅游商业的开发和业态管理，提供更多具有侗族特色的美食，保持朴实、热情的民风民俗，从而吸引游客、留住游客。

六、结语

少数民族村寨景观是历史遗产保护体系的重要组成部分，其独特的景观意象蕴含着丰厚的民族智慧和民族文化，充分展现着当地的历史变迁、自然风貌与风土人情等。民族村寨以青山绿水、田园野趣与民族风情为重要吸引物，成为极具吸引力的乡村旅游目的地。与此同时，城镇化和旅游商业化极易造成民族村寨景观意象模糊化、同质化问题，亟须构建和保护具有地域和文化特质的景观意象体系。本章节从结构意象与情感意象两个方面深入解析旅游者感知下的广西程阳八寨景观意象特征，主要研究结论如下。

（1）在结构意象上，程阳八寨景观意象游客感知强度排序为：人工景观意象＞自然景观意象＞非物质景观意象；程阳八寨典型的景观意象组合为"林溪河 – 植物 – 天空 – 山体 – 风雨桥""天空 – 山体 – 稻田 – 田埂 – 吊脚楼""石板路 – 鼓楼 – 天空""鼓楼 – 表演 – 百家宴"；景观意象热点主要集中在风雨桥、鼓楼、吊脚楼等传统侗寨建筑，热点区域为岩寨、马鞍寨以及平寨3个村寨。

（2）在情感意象上，游客以"独特、宁静、壮观"的积极情感为主。游客积极情感源于自然古朴景观、民俗文化体验及热情淳朴民风，而消极情感源于民族村寨特色风貌减损之痛与内心憧憬未偿之憾。

（3）程阳八寨景观意象特征主要表现为：侗寨风情促成景物样态的独特性、多重结构丰富场所感知的层次性、地域文化产生景观意象的显隐性与自然古拙营造图景氛围的韵律性。

（4）程阳八寨景观意象保护与营建策略主要分为 4 个方面：保护自然景观意象、维护人工景观意象、延续非物质景观意象和强化积极情感意象。

第 6 章　乡土记忆传承与景观空间重塑

一、研究背景与研究意义

（一）选题背景

现今，我国城镇化发展由初级阶段转入快速发展阶段。一方面促进了区域经济增长、产业发展及产业结构的提升；另一方面也出现城镇无序扩张等问题。在此背景下，社会各界对于发展的注意力开始转移到乡村。传统村落受城镇化的影响，出现短时间内空间格局被破坏、村落历史遗迹逐渐消逝的现象，许多村落的乡村记忆在加速消失的过程中。然而，消失的不仅是村落，更多的是衍生于村落中的乡土文化与情感记忆[58]。因此，如何保护传统村落，创造具有传统文化内涵与乡土特色的村落景观，进行乡村景观的再现与乡村记忆的重塑，已成为当今城乡建设与发展中紧迫而重要的命题。

（二）研究意义

乡村空间与景观元素共同承载着村民的共有记忆。因此，研究乡村记忆的重塑不能单一地从景观角度或空间角度看待，乡村空间中具体景观元素的变迁研究，对于传统村落景观保护与记忆重塑具有深刻的理论与实践意义。利用空间生产理论的分析框架，对传统村落景观记忆的变迁进行研究，不仅涉及物质、精神、社会三个层面，还包含空间与景观的相互作用，更注重从人的视角，包括村民对景观元素的记忆感知程度、游客的景观感知以及各社会主体的行为影响，实现风景园林学、城市地理学、政治经济学等多学科知识的融会贯通，丰富和拓展乡村建设理论和相关研究视野。

本研究为快速城镇化背景下传统村落的记忆保护与重塑，提供理论层面的相关分析与建议。它尝试将空间生产理论引入景观变迁的研究中，从物质与精神层面解析景观变迁并归纳变迁类型，从精神与社会层面分析变迁机理。最后本研究有针对性地提出记忆重塑路径，对传统村落的记忆重塑与保护开发具有一定理论价值，有助于避免"千篇一律""过度商业化"等开发倾向，也能为其他地区传统村落保护与发展提供借鉴和思考。

（三）研究进展

目前相关研究主要集中在景观变迁、景观意象、文化景观、集体记忆等几个方面。乡村景观意象的研究主要包括景观意象在规划设计中的应用、乡村景观意象的开发与保护及与乡村旅游的关系等三个方面。近年来，关于景观变迁理论在景观规划设计方法中的应用、景观变迁具体个案研究逐渐增多。

在已知文献中，景观与记忆相关的研究主要包含历史记忆、文化记忆、集体记忆及文化景观等内容。W.Vos 认为只有当村民从中获益时才会进行文化景观的保护[59]。李凡等从城市学视角出发，对城市历史文化景观的集体记忆进行研究，认为记忆、景观与地方认同有密切关系[60]。胡赞英引用类型学思想总结城市景观集体记忆缺失的问题并提出解决方案[61]。兰春明等通过梳理上海民俗体育"舞草龙"的文化记忆与失忆现象，分析失忆原因并提出不同层面的重构建议[62]。以文化失忆作为理论框架，郭凌等以成都为例，对城市文化失忆的外在表象及失忆原因进行分析并提出重构记忆的具体路径[63]。莫军华区别研究了文化记忆与集体记忆，认为文化记忆景观对重建乡村社区文化具有重要作用[64]。陈觐恺基于乡愁视角寻找承载乡

愁情感的记忆场所并分析其特征，认为研究景观记忆对保护和开发历史文化景观有重要作用[65]。薛梦琪进行了大量的理论铺垫，并首次将"景观记忆"以概念的形式提出并进行分类研究，将其分为有形与无形的景观记忆，以探讨具体景观符号对景观记忆形成的作用与价值[66]。李冉基于场所记忆理论提出了历史文化街区更新的优化策略[67]。可见，景观记忆的研究思路一般为总结失忆表象、分析失忆机理、提出记忆重构路径。

关于传统村落的研究主要集中于传统村落的保护与更新、形态研究、改造研究三个方面。GyRuda 认为传统村落保护应重点关注自然、建筑、历史风貌、外观、艺术与习俗景观，并对整个村落的个性加以关注[68]。高忠严探讨在古村落保护中文化景观、历史记忆的密切关联，并对古村落公共空间进行分类，认为古村落公共空间凝聚了村民共同的历史记忆[69]。从某一个具体的历史景观符号出发研究城市景观记忆，张瑾以古村落旅游地江西婺源的李坑村为例进行分析，并提出居住空间合理规划、合理布置历史地段业态、多元化主体参与、实行旅游经营准入制度、控制游客合理流量等调控策略[70]。以徽州呈坎古村作为研究案例点，孔翔对地方集体记忆的建构进行研究，对比分析游客与村民两个不同的体验主体受文化景观影响的差异性，提出尊重当地居民建议在重建景观中的重要性，确保景观真实性才能使村民传统意识与游客构想达成平衡[71]。

二、传统村落的景观变迁与特征分析

广西是中国西南部一块多姿多彩的土地，分布较多亟待挖掘和保护的传统村落。本文选取的样本是位于桂林市恭城瑶族自治县西南部的红岩村，包含瑶、壮、汉三个民族居民。整个村落由古村、新村两部分组成。红岩古村始建于明清时期，距今已有逾 300 年历史，拥有丰富的历史文化资源，是一个集农耕文化、建筑文化、宗教文化为一体的传统村落。红岩新村以新农村建设、村民脱贫致富闻名，种植的月柿享誉海内外。

本文选取红岩村作为研究样本的原因如下：第一，红岩村是在多方面社会因素的冲击下不断发展的村落，包括政府、产业、开发商、相关规划、游客及村民本身诉求等，具有一定的典型性；第二，红岩村属于古村与新村建设共存的村落类型，对于在城镇化建设与美丽乡村背景下做好传统村落保护工作具有典型的借鉴意义；第三，景观变迁的过程需要经历一个相对较长的发展时期，而红岩村生态农业、新村规划已经历近三十年时间，具备较高研究价值。

（一）传统村落的景观变迁

1. 自然环境空间景观变迁

红岩村的产生有赖于自然，发展顺应自然，并在长期演化中形成与自然和谐统一的关系，自然环境空间是乡村记忆系统中的基础构成，其载体包括山体景观和河溪景观两方面。在山体景观方面，乡村设立村规民约禁止村民上山砍伐，在马头山兴建了登山道和观赏亭，改变了人们与山的一些生活关联；河流景观方面，在平江河上改建了滚水坝、新增梅花桩，并在原木桥基址上新建风雨桥，河岸增种柳树与翠竹。

（1）山体景观

山体作为传统村落选址的重要考量元素，很大程度上决定了村落整体景观效果。红岩古村群山环绕，群山紧邻并高于古民居，山体轮廓线在视觉上得以整体保留。2003 年建设新村，建筑远离山体，三层的复式楼与新增的植被遮挡了观景视线，破坏了起伏变化的山体轮廓线，降低了山体景观作为整体背景的美感度（图6-1）。另一方面新建筑成排布局，对山体景观的整体遮挡范围较大。

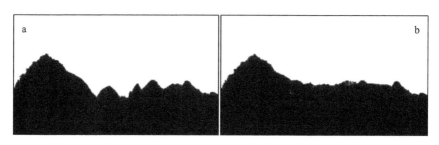

图6-1　山体轮廓线演变

（a.完整山体轮廓线；b.2016年的山体轮廓线）

（2）河溪景观

对于村落而言，山体为骨架，河流即为血脉，水乃一村一屯的生命之源。桂北地区的村落一般建在河岸的缓坡地带或者河谷平坝之处，但凡村落，必有水源。红岩村内有平江河穿村而过，河流在传统村落印象中，是最为常见的景观元素。平江河的景观变迁体现在：水质不再清澈；与民居的关系由沿居而过转变为穿居而过，关系更为密切（图6-2）；河岸景观方面增种大量翠竹与绿柳，景观效果较之前有所提升。整体来说，平江河景观被加强，但缺乏维护。

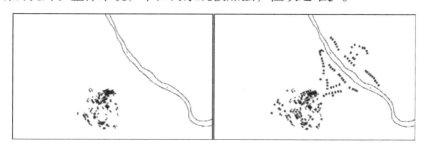

图6-2　河流与建筑关系变化

红岩村落内有山泉溪涧，先民将泉水引入村庄形成绕村水渠并流入池塘，这种别出心裁的设计是古人智慧的体现，为后世村民生产、生活用水提供方便。但家家户户都通了自来水以后，减弱了山泉水的功能，如今水渠周围用水泥进行了维护，附近还新建了为旅游服务的方形泳池，完全破坏了自然生态美感（图6-3）。

图6-3 山泉溪涧景观演变

（a.传统山泉溪涧意象；b.2016年；c.新建泳池）

植被景观包括点状的古树、线状的行道树与沿岸植被、面状的树林。由于气候原因，红岩村的植被以亚热带常绿阔叶树种为主，种类丰富，其植被景观变迁集中于两个节点：1990年农业转型，村庄从传统稻田耕作转型为月柿种植，原有田地转变为月柿林；2003年新村规划增植沿岸植被、新村植被与树林等（图6-4）。

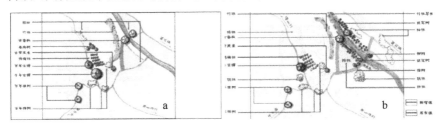

图6-4 植被景观变化图

（a.1990年以前；b.2016年）

由植被景观变化图可知，村内古树多数得以保留，均为百年树龄，包括樟树、香枫、桂花树、黄皮果树、柿树等，但仅有百年香枫作为广场景观在发展中得到了保护。其余树种缺乏维护，百年柿树更出现了空心、断枝和周边堆放杂物的现象，池塘边的百年柿树甚至还遭到砍伐（图6-5）。

图 6-5　古树现状图

2. 生产劳作空间景观变迁

生产劳作空间的实践活动影响了村落农业景观的变迁，空间实践活动主要分为两个阶段：1990 年 -2002 年农业转型，稻田种植转为月柿种植；2003 年至今，红岩村进行新村规划，大力发展乡村旅游，新村占用了部分月柿种植区域。

（1）农作物景观

农作物景观作为乡村的自然底色，占有乡村最大区域的面积，主要包括稻田、林地、菜地等类型。新村规划的建筑布局占用了部分月柿林，形成"稻田→月柿林→月柿林与新村"的变迁形态。一年四季，月柿林整片地变换颜色，"翠绿—深绿—金黄—枯黄"的过程与稻田景观相似，月柿独特之处在于既可观果，也能观叶（图 6-6）。

图 6-6　农作物四季景观

（上行：稻田；下行：柿林）

菜地景观在村民的记忆中，分布在家家户户的前庭后院，保证村民的日常食材供给。新村建筑缺少可以种植蔬菜的前庭后院，取而代之的是规整的小区式的花坛植物绿化，部分村民利用河岸边的空地种植蔬菜，菜地的功能与需求在弱化。

（2）农业设施景观

①生产工具

生产工具作为村民进行耕作活动的必需品，不仅见于日常生产生活之中，同时形成乡村一道独特的风景线。村民由稻田耕作转变为果林种植，带动了生产工具的更新换代，以前家家户户门前靠置蓑衣、柴火堆、草帽等的景象正在消失（图6-7）。

图6-7　传统与现代农业生产工具

（上行：传统农耕生产工具；下行：现代月柿耕种生产工具）

②灌溉工具

灌溉工具将人类生存与水的关系紧密维系在一起。红岩村世代以农耕为生，以水车为灌溉工具。20世纪90年代进行种稻转为林果的农业转型后，灌溉方式转变为智能的低压灌溉系统，水车的功能性减弱了，只作为景观摆设，因年久失修现已毁坏（图6-8）。

图 6-8　水车景观变迁

（a.2003 年；b.2006 年；c.2016 年）

（3）乡土产品景观

在传统农业社会里，除了稻田耕种与菜地种植，家家户户还会养殖鸡鸭等家禽，进行晒柿饼的活动。如今红岩村已将柿子品牌作为主打，欢庆一年一度的月柿节。总体来说，包括柿子、柿饼、家禽等在内的乡土产品在发展过程中得到强化。

3. 聚落交往空间景观变迁

村落是在生产力进步的背景下形成的以农业生产为主业的居民点，是相对固定的聚落居住场所。聚落交往空间作为村落空间的重要组成部分，承载居民居住空间之外丰富的日常活动，是最能体现村民生活记忆与情感的地方。分析其景观变迁对提取空间基因、促进景观记忆重塑具有重要的作用。

（1）聚居点形态演变

桂北传统村落布局变化丰富，主要可以归纳为内聚向心式和自由分散式。红岩古村依山面水，整体呈方形发展，建筑格局与自然环境关系紧密，属于自由分散式村落布局，即顺应地形呈现自然分布的形态，没有规整的轴线与几何图形的村落布局。新村规划以后，红岩村新建的聚居点向东北方向延伸至平江河对岸，整体呈现出沿河岸及道路分布的规整式布局，与古民居的自然式布局差异较大（图 6-9）。

村落形态演变的方式与类型能够为总结景观变迁的表象和机理提供参考依据，而聚居点的形态变化则直接反映了村庄聚落的形态演变。红岩村的乡村居住空间形态演变方式属于"集聚－扩散"型，衍生的新民居不是从古村逐渐延伸到河岸，而是新建筑直接规划布局于河岸两侧，形成以新村和古村两个核心聚居点向外扩散的心态，最终新村与古村连接成片（图6-10）。据走访统计，红岩古村总计新增34处新建筑，对古村风貌影响非常大（图6-11）。

图6-9　红岩古村与新村建筑布局对比图

（a. 自然式布局；b. 规整式布局）

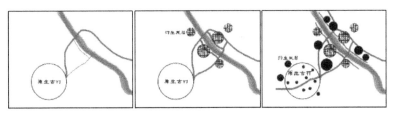

图6-10　红岩村聚居点形态演变

（a.2012年；b2013年；c.2016年）

图6-11　红岩古村部分新增建筑对比图

（a.2005年；b.2016年）

（2）建筑景观

①建筑风格

红岩村的建筑风格沿着"明末清初－民国－建国－现代"的时间轴线演绎了四种风格的变迁——明末清初传统的青砖黛瓦桂北民居风格，民国时期的传统土砖结构风格，建国初期白墙灰瓦的风格，直至现代的复式小洋楼风格，并形成四种建筑风格并存于村落的现象。新村民居在风格上出现了明显的城市化痕迹，古村中出现的新建筑严重破坏了传统民居风貌。

②建筑布局

桂北传统民居的平面形态以矩形为基础，其组合扩展的形式包括并列式、环绕式、敞厅式和自由式等。红岩村的建筑对应于建筑风格出现了三个阶段的变迁：明末清初的青砖民居为双进院落式中原汉族民居形式；民国时期与建国以后的建筑布局为矩形组合；现代民居为非常规型建筑布局。

"一"型建筑布局以三、五开间为主，通常中间为正堂，两旁为卧室，而侧边一般有半坡的单间作为厨房。"┐"型多出现在民国时期土砖建筑中，建筑功能由主厅和厨房搭配使用。"凹"字型布局即三合院形式，两端各垂直设置有两间厢房，与正屋共同围合出一个院落，有晾晒、杂物堆放等功能。"口"字型为院落式的建筑，出现在百年历史建筑与建国时期建筑中。红岩新村中建筑采用坡顶与平顶结合的方式，缺少传统建筑中的院落空间（表6-1）。

红岩村传统古民居通常设置院落空间——明清古建有室内天井空间，民国与建国初期建筑有房前屋后的院落。新村建设以后，硬化部分老村的庭院，新村建筑中缺少庭院空间，屋前设置有规整式的花坛与小块空地，与道路紧邻，缺乏原有村落庭院的风貌，失去了乡村野趣。

表 6-1 红岩新村与古村建筑布局对比

红岩村	红岩古村	红岩新村
建筑布局		
建筑庭院	晾晒、堆柴等	摆摊销售
建筑功能	居住为主	一层食堂，二三层住宿，提供旅游服务为主

③建筑屋顶

建筑屋顶是使人栖身于遮蔽体中的必备条件，是民居的重要设施。我国传统建筑中屋顶被规范化地分为歇山、庑殿、硬山、悬山四种基本形式。红岩古村百年建筑的屋顶多为硬山双坡顶，民国时期土砖建筑屋顶形式为悬山双坡顶。新村规划以后的新民居屋顶为单一的"L"型坡屋顶与平顶结合的形式。

④建筑材料

桂北村落的建筑一般采用当地的建筑材料，因此具有适应传统结构和环境的作用。红岩村沿着"明末清初→民国→建国→现代"的轴线，产生了四类用材的变迁："青砖→土砖与石头→土砖刷白漆→涂料或瓷砖"。古村传统民居整体有青砖、红砖、土砖、青砖与泥土的材料搭配，以石块与夯土结合的形式做墙基，其建筑颜色与材料都极富乡土本色，整体建筑颜色以夯土的黄颜色为主，原木、泥土和石块都散发着自然本色和形态魅力，与背后的山体遥相呼应，构成了和谐的建筑景观体系。

新民居建筑分别采用了亮黄、浅黄、白色偏灰等涂料或瓷砖处理墙面，部分建筑墙面以浅黄色的瓷砖为贴面材料，墙基部分则采用了深灰、暗红、墨绿等尺寸较大的瓷砖贴面。新村建筑整体的颜色与纹理都极具城市小区建筑的风格，与传统建筑相差较大，乡村住宅的古朴与韵味缺失（表6-2）。

表6-2　红岩新村与古村建筑材料对比

建筑材料	红岩古村	红岩新村
墙身材料		
墙基材料		
材料特征	青砖、红砖、石头、泥土、木材	纯色涂料、瓷砖

⑤建筑装饰与构造

村落建筑的装饰与构造体现了先民的建造美学与智慧。红岩古民居中建筑装饰注重细节，建筑材料多为就地取材，体现了当地材料自然之美和精湛技艺，表现出乡土文化的宁静和淳朴。新村建筑的装饰主要包括栏杆、窗框与栏杆，包括木质与不锈钢两种，且以不锈钢材质居多数，建筑装饰较少，材质选用与村落的乡土风貌有失和谐（表 6-3）。

表 6-3　建筑装饰与构造对比

装饰和结构部件	红岩古村	红岩新村
门簪		
花窗		
雀替		
石阶		
挑檐		
栏杆		
柱础		

⑥祠堂景观

祠堂作为传统村落的核心建筑，其功能性与宗族凝聚力是其他建筑无法替代的。红岩村的朱氏宗祠位于红岩古村的东北角池塘旁，明末清初建成，距今已有近四百年历史。祠堂最主要的功能是作为朱氏家族祭祀祖先的场所，其次是作为议事的场地，同时还作为书塾有教学功能。

朱氏宗祠基址门前完好地保存着两座高约 1m 的拴马桩，桩上有对角凿通的圆孔。拴马桩是过去乡绅大户等殷实富裕之家拴系骡马的雕刻实用条石，既是身份的象征，同时也有辟邪镇宅之意。现存的拴马桩缺乏维护和相应文字标识，无法体现其深厚的文化内涵。近年甚至有村民在原宗祠旁建起新房，砍掉了原有柿树，拴马桩更少了自然的植物背景色，状况令人担忧。

（3）道路景观

道路系统是村落平面的骨架，将各类生活空间联系起来。道路是乡村景观中最重要的线性要素，体验者行走在道路上，周围环境形成移动而变化丰富的独特景观效果。红岩老村布局以祠堂和五品官宅为中心展开，以街巷组织空间结构脉络与走向，与民居建筑围合出内向空间，包括供村民聚集的公共空间，以街、巷转折空间引向宅群。红岩村道路空间实践活动为新村建设时期对原有道路扩建、硬化以及新增了部分主干道。

①道路肌理

道路肌理构成了整个村落肌理的框架部分。新村规划以前，红岩村内道路集中于村落西南角，以村落为中心点形成"一纵一横"两条主要道路，"一纵"沿西南方向通往平乐县，东北方向则为通往莲花镇的道路，属于村内的主干道。"一横"沿西北方向、东南方向分别通往邻村矮山村、南山桥村。道路的实践活动包括：2003 年新村规划以后，新建了古村至滚水坝的直线道路、沿河道路，硬化并拓宽村内主干道，村落道路肌理整体往东北方向生长，并形成以村落东北角为主的道路系统（图 6-12）。

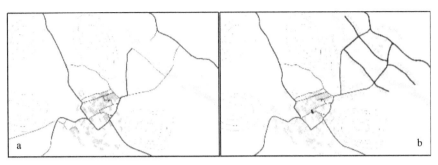

图 6-12　道路肌理生长图

（a.2002 年；b. 2016 年）

②道路结构变迁

乡村道路系统一般由干道、街道、巷弄、徒步道组成。红岩村道路变迁节点有两个：1972 年以前，依靠平江河木桥过河通往莲花镇；1972 年以后在河流上游新建滚水坝过河；2003 年新村建设新修干道与街道，并扩宽硬化了原有道路。红岩村对外道路及村内街道巷弄几乎保持原有位置，仅部分扩建及硬化，因此道路景观的变迁集中体现在干道的变化与街道上（图 6-13）。新村规划以前红岩村以古民居为中心大体上形成了"十"字型纵横交错的主干道，方向分别通往莲花镇、邻村和平乐县。新村规划以后形成了"两纵四横"的主干道布局，干道沿东北方向延伸至对岸。

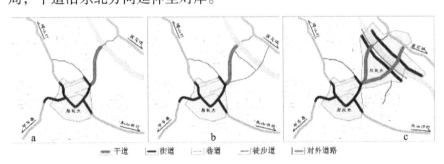

图 6-13　道路结构变化图

（a.1972 年；b. 2002 年；c.2016 年）

③街巷空间尺度

街道空间作为居民点内部的主要通行道路，建立起各生活空间的联系，村民们通过街道去往邻村、村镇及聚居点之外的耕地。红岩村街道的变迁表现为以下四个方面：道路宽度上，红岩古村的街道由原来的2m扩增至2.5m，新村增加了3.5m的两条沿河主街；材质上，古村传统的街道为泥巴路面，新村建设时期统一将古村内街道硬化扩建为水泥路面，新村沿河岸增加了2条水泥路面街道；功能上街道由传统的通行为主转变为提供旅游服务的商业空间，进行土特产品的售卖；空间布局方面，新建街道由整齐划一的"小洋楼"合围，缺乏平立面的空间变化（图6-14）。

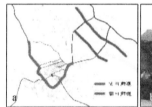

图6-14　街道变化图

（a.街道分布；b.2002年街道；c.2016年街道）

与现代城市一眼到底的直线空间不同，村落传统的巷道空间能产生的主观尺度感更大。巷道空间与村民居住生活息息相关，将家家户户联系起来，增进了邻里依赖性与互动性，是维系族群关系的重要场所。古民居巷道空间主要由四条1~1.5m宽的纵向道路组成，有泥巴路、石板路等，巷道平面空间由不规则的沿路建筑与巷道交叠形成（图6-15）。

新村规划以后，新民居沿街道整齐布置，以直线方向一以贯之，缺乏错落的空间感，巷道空间这一元素是缺失的，取而代之的是新建房屋之间的小空地，其形态方正，无法体现传统巷道在平面、立面与景深上富有变化的景观。

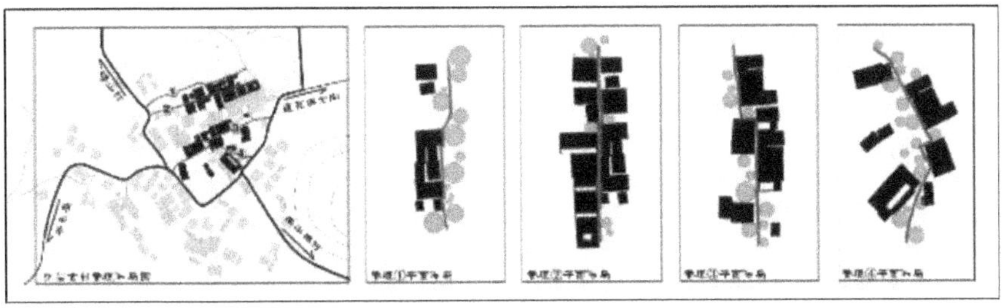

图 6-15 红岩村传统巷道平面布局图

④道路材质

街巷空间作为"没有屋顶的建筑",是由底界面与侧界面两个要素限定的。侧界面指墙壁,而底界面指的是街巷的路面。传统街巷往往有丰富的材质变化,不同地面铺砌方式与纹路与沿路高低变化的建筑在视觉上形成丰富的景观效果。红岩古村道路街巷的材质主要有黄泥路、青石板路组成,新村建设以后将多数巷道改建成了水泥小路,还遗存少量泥巴巷道,入口处将青石板替换成了石块小径。新村的街巷道路全部设置为水泥路面(表 6-4)。

表 6-4 新村建设前后道路形态与材质对比图

时间	干道	街道	巷弄	徒步道
新村建设前	新村建设前的主干道材质为泥巴路面			
新村建设后				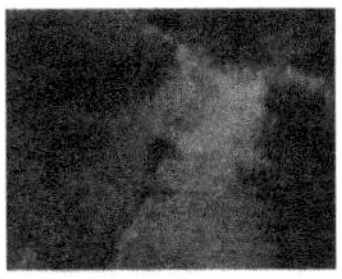

⑤桥

作为桂北村落常见的水上通道,传统木桥多拥有质朴的材质与风情，不仅作为一种交通设施，更形成一种独特的景观。木桥作为一种展现人工技艺的交通建筑，最重要的是凝聚着村落的集体精神，是智慧与团结的象征。1972年大水冲毁木桥以后，这一景观元素就消失了。2003年新村建设时，政府出资在木桥原址处新建了一座风雨桥，风雨桥虽然在颜色和造型上自然地融入了乡村环境，但与柳州三江的风雨桥较为相似，一味地模仿和复制使原有木桥承载的独特文化消失殆尽（图6-16）。

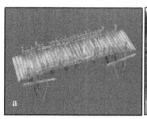  

图6-16　桥景变迁图

（a.传统木桥意向图；b.木桥意向图；c.2016年风雨桥）

（4）广场景观

村落中民居与街巷不规则的自然式布局，通常会自发形成形状不一的小广场，有空间相对宽敞、可达性高等特点，并具备集会、休闲等功能。红岩村传统的广场景观以晒谷坪为主，其次是街巷交汇的节点空间（图6-17）以及古树林下的交流空间。

图6-17　红岩村传统广场景观

（a.巷道节点；b.街道节点；c.巷道节点）

新增的场院空间主要为旅游提供服务，这与传统空间有功能差异，在月柿节以外的时间里使用广场的频率较低。在景观效果上，新建的广场搭配的现代花坛式植物配景过于城市化，广场面积过大并缺乏文化内涵。

（5）用水景观

风水池塘、水井等用水景观总体来说缺乏维护与改善。池塘传统的蓄水功能弱化，水质差且景观效果不佳。红岩古村保存有 10 口古井，多数建在建筑的天井内，也有少数建在屋后院的（图 6-18）。水井是传统农居生活中独特的用水景观，村内的古井大都能够继续使用，但缺乏维护。

图 6-18　古井现状图

4. 精神文化空间景观变迁

红岩村居民彼此之间感情深厚，村中韦、朱两大姓氏村民的原民族成分均为汉族。1990 年恭城成立瑶族自治县时统一改为瑶族（红岩村的瑶族属于过山瑶），因此在早期村中的日常生活并没有强烈的瑶族色彩。在近三十年的城镇发展中，瑶族文化逐渐成为红岩村的文化记忆，但是传承现状堪忧。红岩村的文化空间景观变迁分为以下三个阶段：1990 年以前是以汉族文化为主的发展阶段；1990 年 -2006 年瑶族文化初期发展阶段；2006 年以后，瑶族文化大力发展阶段。

（1）民俗文化

传说故事：在与村民的深度访谈过程中了解到，红岩村的传说故事较少，有"仙聚古樟""莲花火球"等传说。红岩村民对传说故事的传承意识较差，仅有七八十岁的部分老年人能述说一二，传说故事这类口头文化缺乏深度挖掘。

村规民约：据村民回忆，以前在红岩村上山砍伐的现象比较普遍，原本绿林繁茂的群山都成了光秃一片，出现水土流失等现象，缺乏约定俗成的管理制度。2002年由村支部书记带头制定了村规民约，并在2013年新增了红岩老村的村规民约（图6-19），杜绝了一些不良现象，自然环境得到了保护，村民的生活秩序得到保障，因此在发展过程中，制度文化这一部分内容是被强化的。

图6-19　红岩村村规民约

民间艺术：多数村民对民间艺术的记忆很弱，在深度访谈中提及较少。1990年以来，村民确立了自己的民族身份，民间艺术活动开始逐渐增多。2003年新村建设时期开始进入民间艺术发展阶段，政府组织县城的专业歌舞专家下乡进行培训，村民组成了艺术团队。如今红岩村的民间艺术主要包含恭城油茶歌舞、民间唢呐曲牌、竹竿舞、羊角舞、长鼓舞等瑶族歌舞，但仅在月柿文化节、盘王节及游客较多的时段进行表演，并未成为村民日常生活中的休闲生活习惯。红岩村的民间艺术类景观出现了演替的现象，传统民间艺术逐渐被新的表演项目所替代。

（2）生活习俗

饮食习惯：红岩村自古就有喝油茶、吃腊味的饮食习俗（图6-20），这些习俗延续至今并得到强化（图6-21）。

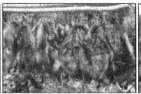

图 6-20 特色腊味

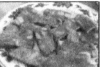

图 6-21 恭城油茶及部分辅食

生活场景：对村民进行访谈提到"回忆红岩村的生活，会想到哪些场景"的问题，村民们描述了不少场景，包括赶青山、砍柴、担水、建木桥、上山摘笋、捉鱼摸虾、拉木板车、钓麻拐、放牛、做桂花糕、煮柴火饭、河边洗衣、晒柿饼等。现在村中延续下来的生活场景有河边洗衣、晒柿饼、煮柴火饭，以前上山砍柴变为现在的砍柿枝，而其他生活场景已消失（图 6-22）。大部分生活在古村的人还用柴火煮饭，但是煮柴火饭的场景也在逐渐减少。综上所述，生活场景这类文化景观在变迁过程中逐渐消退。

图 6-22 红岩村现存部分生活场景

民间习俗：民间习俗包括服饰文化、礼仪民俗、宗教习俗、婚庆习俗、丧葬习俗等。在1990年民族成分转变之前，红岩村的民间习俗与汉族大多一样，穿汉服说汉话。1990年后，受到瑶族文化的部分影响，有时会进行一些例如"盘王愿"、"婆王愿"的活动。其他如语言习俗、婚庆习俗、丧葬习俗仍保留着原有的习惯。服饰文化上出现了大量瑶族服饰，礼仪文化如瑶族的敬酒仪式也对红岩村有一定的影响，但红岩村民只在大型节庆及游客量较多的时候穿着瑶族服饰，演示敬酒礼俗（图6-23）。

图6-23 红岩村瑶族服饰及敬酒仪式

（3）传统技艺

食品制作工艺：红岩村传统的食品制作工艺包括打油茶、做腊味、做桂花糕、石磨豆腐、酿制米酒等，流传至今的打油茶、做腊味的制作工艺得到强化（图6-24），酿米酒的工艺濒临消失，其他食品制作工艺已经失传。据当地人介绍，村内还保存有古石磨遗迹，直径50cm，重达50kg，在过去用于研磨面粉和豆腐。因此，红岩村的食品制作工艺既有强化的部分，也有退化的现象。

图6-24 红岩村现存食品制作工艺

手工制作技艺：红岩村传统的手工制作技艺包括竹编工艺、刺绣。在深度访谈中了解到村中还有极少数老年人会竹编工艺，传统技艺不能产生经济效益，年轻人外出务工，手工艺制作技艺面临失传与消亡的境况。

（4）节日庆典

红岩村传统的节日与汉族相同，包括春节、元宵节、清明节、端午节、中元节、中秋节等重要节日。红岩村近三十年的发展过程中新增月柿节和盘王节。月柿节通常在十月中旬到十一月中旬月柿长势最好的一个月里举办。盘王节采用整个县城聚集在一个地点共同庆祝的方式，每年更换活动地点，如 2016 年的盘王节活动主会场在红岩村（图 6-25）。

图 6-25　红岩村一年一度的月柿文化节

（二）传统村落景观变迁特征分析

1. 传统村落景观变迁类型

乡村空间与景观元素共同承载着村民记忆，基于以上对具体景观元素变迁的分析，景观变迁呈现出不同的结果，可将其分为缺失、消退、加强、演替四大类型。同时，与之对应的是相应景观元素承载记忆的能力。

（1）缺失型景观变迁：这类景观元素已经在乡村空间中缺失，村民无法通过这类景观符号回忆起乡村模样，对应景观元素承载记忆能力缺失。

（2）消退型景观变迁：这类景观符号的传统模样被改变，村民通过这个景观符号所能唤起的回忆在逐渐减少，相应承载记忆能力在消退。

（3）加强型景观变迁：这类景观符号的景观效果在发展中得到加强，很容易唤起村民对乡村的记忆，相应承载记忆能力在加强。

（4）演替型景观变迁：这类景观符号和承载记忆能力被新生景观元素逐渐替代。

2. 自然环境空间的人地关系弱化

自然环境空间的景观变迁使其记忆呈现总体消退、部分加强的趋势。山体轮廓线的遮挡、山泉溪涧的人工改造、古樟树与皂角树的消亡等改变了自然景观和乡村风貌，相应的赶青山、摘笋、摸鱼捉虾、担水、树下集会等乡村活动也随之消失，人地关系弱化。

自然环境空间中少数景观变迁加强了乡村记忆的呈现。新居建筑向东南方向迁移、新建滚水坝与风雨桥、增植绿色沿河植被等使村民与河流的关系更紧密，河流景观唤醒了乡村记忆。村口增植的松林、原 200 亩水田改种成柿林使乡村记忆得到了强化。

3. 生产劳作空间的传统生产文化缺失

生产劳作空间的景观变迁包含消退与加强的特征。随着生产方式由稻田耕作向月柿种植的转变，稻田景观、稻田生产工具、传统灌溉系统逐渐消失。村民生活水平的提高与生产方式的改变，使得菜地的种植面积逐渐减少，菜地这个体现乡村风貌的景观在逐渐消失之中。生产方式的变迁使柿子种植加工成为红岩村的主要产业，万亩柿园的新建、水田向月柿的转变，林地增强了景观承载记忆的能力。

4. 聚落交往空间的城市化痕迹凸显

聚落交往空间作为与村民生活关系最紧密的空间，其景观变迁以消退型为主，部分为缺失、演替与强化型。（1）消退型：大量出现现代风格的新式建筑，整齐划一的建筑布局，庭院空间的异化，街道景观的拓宽与硬化，传统池塘、水井与水渠功能的弱化等变迁现象，使得聚落交往空间的城市化建设痕迹明显，淡化了村落古朴的味道。（2）演替型：最具代表性的是木桥景观被新建的风雨桥所取代，风格、样式与程阳八寨的侗族风雨桥近似，丧失了地域特征，唤醒乡村记忆的作用被演替。（3）强化型：原有滚水坝新增了自然式的叠石，在形态上保持了原样，同时增加了梅花桩的体验性景观，增强了村民与滚水坝的互动，滚水坝承载记忆的功能得以强化。

5. 精神文化空间的本土文化传承度低

精神文化空间作为村民精神层面的情感载体，其承载的乡村记忆与文化内涵主要通过非物质文化活动表现出来，此类空间的景观变迁以消退为主，兼有演替与加强的特征。瑶族歌舞、瑶族节庆活动、瑶族习俗文化等通过当代学习而并非自古流传的风俗逐渐代替了原有的舞龙舞狮等传统，并成了新的乡村记忆。故事传说、传统技艺等缺乏挖掘与保护而消退，传统的生活场景也正随着经济进步而消失。打油茶、做腊味等饮食习惯流传下来，同时对接了新出现的瑶族文化与乡村旅游并为其服务。经过近三十年的乡村发展，新的文化活动成为新的乡村记忆，但仅在游客量多的时候有所体现，传承度低。

三、传统村落景观空间保护与记忆重塑

乡村记忆重塑的路径总结为"解构－提取－识别－重塑"，本文基于认知地图的空间解构和深度访谈的景观元素提取，通过对比分析，识别景观变迁类型并与乡村记忆关联，从而有针对性地提出记忆重塑路径。

（一）基于认知地图的意象空间解构

认知地图法最早由美国心理学家托尔曼（Tolman）提出，1960年由美国城市规划学家林奇（Lynch）首次应用于城市居民意象的研究。认知地图法在国内的研究尚未普及，现有研究主要涉及三方面：（1）研究居民的城市意象；（2）集体记忆、空间布局、空间意象方面的应用；（3）旅游感知方面的应用。

1. 地形草图的类型

针对红岩村当地村民发放认知地图问卷，按照地形草图涵盖范围的大小，将其分为以下几种：类型Ⅰ为散点图，该类型主要绘制不连贯的单体。例如认知地图类型Ⅰ（图6-26），a图中村民绘制了池塘、宗祠等单个元素。类型Ⅱ（图6-27）为局部图，基于小范围的连贯性元素，有简单的道路系统。例如a图中绘制了道路、河流、古

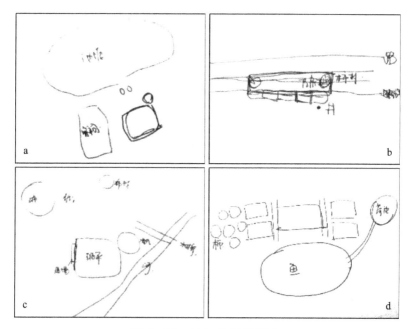

图 6-26　认知地图类型Ⅰ

村房屋、古柿树、天然水井等。类型Ⅲ（图 6-28）为整体图，基于整个村落环境，较为完整地勾画了自然肌理、道路系统及相关细部。例如 a 图中绘制了街道与巷道、周边山体位置、平江河，还绘制了滚水坝、木桥等具体点状元素。通过统计意象空间元素出现的频度，可以对乡村空间进行解构分析。

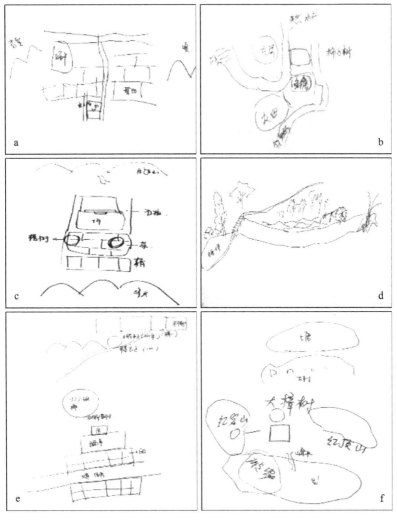

图 6-27　认知地图类型Ⅱ

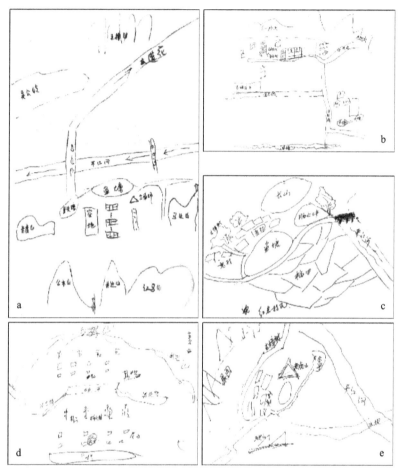

图 6-28　认知地图类型 III

2.地形草图特征分析

对红岩村意象空间的研究借鉴了凯文·林奇在城市意象理论研究中对认知地图法的应用，依据林奇总结的城市中具有可意象性、可识别性特点的五大要素——边缘、路径、区域、节点与标志物，从65位村民处所获取的认知地图中提取五类意象要素进行分类统计（表6-5），总计分类 32 项，总频数 495。

表 6–5　红岩村认知地图意象空间要素分类统计（ N=65 ）

要素	分类	频数	占比	总频数	总占比
边界	山体	42	64.6%	84	17.0%
	平江河	34	52.3%		
	山间溪涧	8	12.3%		
路径	通往平江河道路	25	38.5%	71	14.3%
	通往邻村道路	23	35.4%		
	村内巷道	17	26.2%		
	平恭古道	6	9.2%		
区域	古村房屋	37	56.9%	107	21.6%
	果林	20	30.8%		
	稻田	17	26.2%		
	菜地	16	24.6%		
	房前屋后院落	14	21.5%		
	树群	3	4.6%		
节点	池塘	28	43.1%	54	10.9%
	晒谷坪	20	30.8%		
	道路相交形成的空地	6	9.2%		
标志物	单个民居建筑	37	56.9%	179	36.2%
	木桥	17	26.2%		
	滚水坝	16	24.6%		
	马头山	15	23.1%		
	枕边山	14	21.5%		
	古樟树	14	21.5%		
	古柿树	13	20.0%		
	红马山	11	16.9%		
	老虎山	8	12.3%		
	古井	8	12.3%		
	古香枫树	8	12.3%		
	古黄皮果	6	9.2%		
	古桂花树	3	4.6%		
	祠堂	3	4.6%		
	拴马桩	3	4.6%		
	水车	3	4.6%		
总计	32	495	–	495	100%

（1）边界

边界（edge）在城市意象理论中作为一种非道路的线性要素，属于两种类型界面的交界线，是连续中的突变。从认知地图中提取的意象空间元素，红岩村的边界包括山体、平江河与山间溪涧。山体和河流作为村落的自然环境元素，具有较强的意象性。山泉溪涧坐落于村落后方，主要作用是与池塘形成蓄水系统，村民使用频率较低，意象性较弱。

（2）路径

路径（path）的理解从人的角度出发，是人习惯性或偶然性移动的线性要素。在路径意象的调查中，通往平江河的道路排在首位，是村民印象最深刻的路径意象，这条道路是村民通往莲花镇的必经之路，并且将村民与平江河紧密相连，因此具有强意象性。通往邻村的道路是传统农业社会里村与村的交流频繁的表现，同样可意象性较强。村内巷道作为村民居住环境的道路，相较于前两类耕作环境的道路，可意象性较强但稍弱于前两类路径意象。有6位受访者绘制了平恭古道这一路径要素，由于平恭古道这一元素历史较为久远，有印象的多为年长者，因此总体来说可意象性较弱。

（3）区域

区域（domain）指占总面积较大或中等的部分，能让观察者产生可进入性的感受。从红岩村民的地图提取到的区域意象空间元素中，作为整体来看的古民居在区域意象中排在第一位，古民居连片的灰瓦屋顶、青砖或夯土的自然颜色，以及与村民居住生活息息相关的场所空间，都使得古民居具有强意象性。古村中的"三园柿树"一年四季的景观变化具有较强的意象性。稻田与菜地代表传统耕作，具有较强的可意象性。房前屋后的庭院空间集晾晒、聊天、砍柴、集会功能于一体，在村民心中有较强的意象性，但以山脚下竹林为主的树群，意象性较弱。

（4）节点

节点（node）是一些属于日常来往的必经的点状元素，是道路相交处，通常具有连接与集散的功能。红岩村民印象最深刻的节点意象为池塘，池塘包含蓄水、景观、风水等使用或意象功能，同时也作为聊天、集会的场所，具有强可意象性。其次是具有集会、农事活动功能的晒谷坪，祠堂拆毁以后，村民们商议村中大小事都集中在晒谷坪，因此具有较强的意象性。道路交汇点形成的空间在村民心里留下的意象较弱。

（5）标志物

标志物（landmark）是一种不需要进入其中体验，只观察外部的重要的参考点。其作用在于在一个目标群里作为突出因素，人们得以识别自己身处何处。在获取的村民地图资料中，标志物意象种类较多，可分为以下几类：①意象性很强的标志物，如单个民居建筑；②意象性较强的标志物，如木桥、滚水坝、马头山、枕边山、古樟树与古柿树；③意象性一般的标志物，如红马山、老虎山、古井、香枫树；④意象性较弱的标志物，如黄皮果树、桂花树、水车、祠堂、拴马桩。

村民们对红岩村意象空间的认知是从点、线、面元素开始的，因此本文对上述五种意象要素进行了"点－线－面"的分类与统计。点状元素包括节点与标志物意象；线状元素包括边界与路径；面状元素为区域意象。将所获得的点线面分析结果做表 6-6 比较，红岩村空间感应发展阶段正处于成长阶段。

表6-6 空间感应发展阶段比较

阶段	主要空间感应对象	点状空间要素	现状空间要素	面状空间要素
初始阶段	聚落	很高	很低	基本为零
成长阶段	聚落及道路	高	较高	较低
成熟阶段	地域结构特征	三者差距不大		

对三类认知地图进行分析总结，得出如下结论。

第一，从意象五要素角度出发，当地村民对标志物类元素印象最深刻；对提及的区域类元素印象较为深刻；边界类元素程度一般；路径类与结点类的元素占总频数的比率较低，印象较弱。

第二，基于城市意象理论五要素总结的点线面空间来看，村民对红岩村点状意象空间的记忆最为深刻，线状的印象程度略高于面状空间，红岩村的空间感应发展阶段整体处于成长阶段，并向成熟阶段靠拢。

第三，从单个空间意象元素出发，山体、平江河、古民居与建筑单体意象性很强；通往平江河道路、通往邻村的道路、果林、池塘、晒谷坪这几个元素具有强可意象性；村内巷道、稻田、菜地、房前屋后院落、木桥、滚水坝、马头山、枕边山、古樟树、古柿树等元素具有较强的可意象性。

第四，依据认知地图中解构的物质类意象空间元素，结合非物质类元素，将乡村空间总结为以下四类：自然环境空间、生产耕作空间、聚落交往空间、精神文化空间，并以此分类做进一步的景观元素提取。

由此可见，景观形态明显的山体古树，与村民日常生活与生产关系最为密切民居、道路、田地与场院等元素能在村民脑海中留下更深刻的印象，是村民记忆构成的关键。

（二）基于深度访谈的景观元素提取

由于认知地图主要针对的是村民记忆中可见的物质类意象，对于非物质类的意象无法考究，因此本文通过认知地图总结得到乡村记忆空间类型，结合深度访谈方式进而对承载红岩村乡村记忆的景观符号进行提取。

1. 被访者基本信息

为保证调查的真实性，本研究主要选择能够完成问卷的、在当地居住时间较长并且较为深切地经历了红岩村生态农业转型、乡村旅游发展过程的村民作为访问对象。从总体上看，被访问的 65 位村民中，性别以男性为主，占 73.8%（48 人）；本地人为 56 人，占 86.9%；居住时间超过 25 年的居民为 51 人（78.3%），时间在 15 年 –25 年的占17.4%；年龄主要集中在 36 岁至 60 岁之间（图 6–29）。

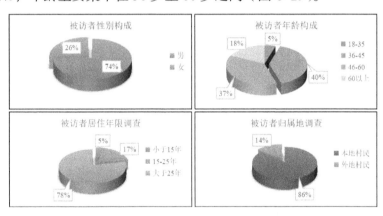

图 6–29　被访者基本信息

2. 景观元素提取

在对 65 位受访者进行认知地图调查后，继续对村民进行开放式的深度访谈，主要问题为"在您记忆中，红岩村的乡村模样是什么样的景象，请用词语或词组概括""提到记忆中的红岩村，您会想到什么"。从 65 位受访者处总共获得 754 条关于记忆中红岩村景象的词汇，将相似的词汇归纳，总结出 13 类景观类型，并分属于上文总结的四类乡村空间（表 6–7）。

表 6-7　红岩村记忆中的景观意象统计

空间类型	景观类型	具体景观元素
自然环境空间	山体景观	五座山体（马头山、红马山、老虎山、红岩山、马鞍山）
	河溪景观	平江河、天然山泉
	植被景观	古树（柿树、古樟、古香枫、古桂树、古黄皮果树、树群、皂角树）树群（竹林、柳林）
生产耕作景观	农作物景观	稻田、菜地、果林
	农业设施景观	生产工具（锄头、木板车等）灌溉工具（水车）
	乡土产品景观	土特产品（柿子、柿饼、腊味）家禽
聚落交往空间	建筑景观	古民居建筑（建筑单体、房前屋后庭院）祠堂（祠堂、拴马桩）
	道路景观	道路（干道、街道、巷道、平恭古道）滚水坝、木桥
	广场景观	晒谷坪
	用水景观	水井、鱼塘
精神文化空间	民俗文化	传说故事、制度文化（村规民约）、民间艺术（歌舞表演）
	生活习俗	饮食习惯（恭城油茶、油茶鱼、糍粑、排散、艾叶粑、柚叶粑、萝卜粑、芋头糕、板栗粽）生活场景（赶青山、担水、建木桥、河边洗衣、煮柴火饭、放牛、晒柿饼、做桂花糕、上山摘笋、河边洗澡、捉鱼摸虾、割草、做松脂火把、炸油豆腐、拉木板车）
	传统技艺	食品制作工艺（米酒制作工艺、豆腐石磨工艺、油茶制作技艺）手工制作技艺（竹编工艺、打箩筐技艺）
	节日庆典	大众节日、瑶族节日

（三）传统村落景观变迁与记忆识别关联耦合

本节主要基于上文对景观变迁类型的总结，将景观变迁类型与村民对景观元素的记忆程度进行关联。结合访谈所获得的景观元素词汇，进行频数统计与均值分析，获得景观元素的记忆强度，所得到的均值得分代表相应景观元素在村民心目中的记忆程度，均值得分越高，表明村民对相应景观元素的记忆程度越强，反之记忆程度越弱。本文赋值 5 分为满分，划分均值得分为 A、B、C、D、E 五个等级，其中 4 < A ≤ 5 代表记忆很强，3 < B ≤ 4 代表记忆较强，2 < C ≤ 3 代表记忆一般，1 < D ≤ 2 代表记忆较弱，0 < E ≤ 1 代表记忆很弱（表 6-8）。

表 6-8　景观元素在村民心中记忆程度的识别

空间类型	景观类型	景观元素	频数	占比	均值得分	记忆程度
自然环境空间	山体景观	五座山体	58	89.2%	4.46	A
	河溪景观	平江河	60	92.3%	4.62	A
		山间溪涧	29	44.6%	2.23	C
	植被景观	古树	44	67.7%	3.38	B
		树群	21	32.3%	1.62	D
生产耕作空间	农作物景观	稻田	50	76.9%	3.85	B
		果林	49	75.4%	3.77	B
		菜地	43	66.2%	3.31	B
	农业设施	生产设施	19	29.2%	1.46	D
		灌溉设施	32	49.2%	2.46	C
	乡土产品景观	土特产品	41	63.1%	3.15	B
		家禽	27	41.5%	2.08	D
聚落交往空间	建筑景观	古村房屋	63	96.9%	4.85	A
		祠堂	12	18.5%	0.92	E
	道路景观	道路	56	86.2%	4.31	A
		木桥	49	75.4%	3.77	B
		滚水坝	47	72.3%	3.62	B

续表

空间类型	景观类型	景观元素	频数	占比	均值得分	记忆程度
聚落交往空间	广场景观	晒谷坪	48	73.8%	3.69	B
	用水景观	鱼塘	53	81.5%	4.08	A
		古井	33	50.8%	2.54	C
精神文化空间	民俗文化	传说故事	12	18.5%	0.92	E
		制度文化	20	30.8%	1.54	D
		民间艺术	13	20.0%	1.00	E
	生活习俗	生活场景	42	64.6%	3.23	B
		饮食习惯	41	63.1%	3.15	B
	传统记忆	手工制作技艺	31	47.7%	2.38	C
		食品制作工艺	42	64.6%	3.23	B
	节日庆典	节日	35	53.8%	2.69	C
四类	14类	28个	1070	–	–	–

附注：A、B、C、D、E分别代表村民对景观类型的记忆程度为强、较强、一般、较弱、弱。

从上表数据可以得出以下结论：第一，红岩村民心目中记忆很强的景观元素是五座山体、平江河、古村房屋、道路和鱼塘；记忆较强的为古树、稻田、果林、菜地、土特产品、木桥、滚水坝、晒谷坪、生活场景、饮食习惯、食品制作工艺；树群、生产设施、家禽、制度文化、民间艺术、传说故事、祠堂这几类景观元素的村民记忆程度属于弱和较弱，记忆在消退的过程中。

由于景观变迁类型对应了景观元素承载乡村记忆的能力，因此景观变迁类型与村民记忆程度具有强关联性，下表反映了景观变迁与村民记忆程度的关系（表6-9）。

表 6-9 景观变迁与记忆强度识别

景观元素	景观变迁	景观变迁类型	村民记忆程度	景观变迁类型占比
五座山体	山体轮廓线被遮挡；	消退	A	
房屋	古民居间出现新式建筑，新式建筑风貌与传统风貌差异大，失去乡村味道；功能由居住为主转变为旅游服务为主	消退	A	
道路	古村街道扩建硬化，新建均为水泥道路，道路景观被强化但失去乡村味道；尺度过大邻里交流变少	消退	A	
鱼塘	缺乏维护；蓄水功能降低	消退	A	
古树	千年古樟、皂角树消失，其他古树保留，但缺乏维护	消退	B	
菜地	古村房前屋后菜地减少，新村缺少菜地	消退	B	
生活场景	河边洗衣、晒柿饼保留，其他大部分消失	消退	B	
食品制作工艺	油茶、腊味制作工艺延续，其余面临消失	消退	B	53.6%
饮食习惯	打油茶、做腊味延续至今，增加了品种丰富的小吃	加强	B	
山间溪涧	沿溪硬化，失去乡村味道	消退	C	
古井	仍能够使用，缺乏维护与挂牌保护	消退	C	
手工艺技艺	仅少数老人会手工编织，面临消失	消退	C	
家禽	仍养殖，但数量减少	消退	D	
房前屋后庭院	古村庭院保留，新村缺少院落，前庭与道路融为一体，庭院功能转为售卖特产，邻里交流减少	消退	E	
传说故事	传承度低，仅有少部分老年人知晓，年轻人与中年人均不了解	消退	E	

景观元素	景观变迁	景观变迁类型	村民记忆程度	景观变迁类型占比
稻田	稻田改种果林，稻田景观缺失；稻田景观被柿林景观演替	缺失	B	10.7%
灌溉设施	灌溉方式由传统河水灌溉→地下灌溉系统；灌溉工具水车消失	缺失	C	
生产设施	打谷机→削柿皮机器；板车→拖拉机	缺失	D	
平江河	水质变差；与村庄位置更近，关系更密切，增加沿岸植被	加强	A	21.4%
果林	稻田改种柿林，林地农作物景观加强；相应林地耕种活动增加	加强	B	
土特产品	柿子、柿饼、腊味等得到传承	加强	B	
滚水坝	滚水坝增加叠石效果，新增梅花桩，加强了滚水坝的可意象性	加强	B	
树群	增加了松林、柿林，保留竹林、杨梅林，整体景观加强	加强	D	
制度文化	村规民约由无到有	加强	D	
晒谷坪	原晒谷坪改建为香枫广场，新增迎宾广场、民俗表演广场、入口广场等，但风格城市化失去乡村味道，尺度较大及距离较远的特点使得村民利用率低	演替	B	14.3%
木桥	原木桥处新建风雨桥，桥梁景观得到加强，但失去原有味道；功能上得到加强，但利用率不高	演替	B	
节日庆典	瑶族文化节日逐渐代替传统节日，月柿节、盘王节为主	演替	C	
民间艺术	舞龙舞狮逐渐被瑶族歌舞所替代	演替	E	
28项	—	—	—	100.0%

附注：A、B、C、D、E分别代表村民对景观类型的记忆程度为强、较强、一般、较弱、弱。

统计表明，超半数以上的景观变迁属于消退型，其他三类占比接近。消退型景观变迁中有 60.0% 属于村民记忆较强的景观元素；加强型变迁的景观元素中多数为村民记忆较强元素，另外记忆较弱的制度文化、树群景观在发展过程中得到了加强；缺失型变迁的景观元素包括稻田、生产设施、灌溉设施、部分生活场景与千年古樟树，主要属于生产劳作空间及相关的景观元素；演替型变迁的景观元素包括承载村民较强记忆的木桥与晒谷坪，记忆一般的节日庆典，以及记忆很弱的民间艺术。

由此得出如下结论：第一，大部分景观元素的变迁类型属于消退型，对应的承载记忆能力正在消退。其中多数景观元素正是村民记忆深刻的元素，亟须进行景观加强及保护；第二，加强型景观变迁对记忆延续作用是积极的，但需要优化。此类景观元素多数为村民记忆深刻的元素，少数记忆较弱的元素也得到了加强，具有记忆传承的良好趋势；第三，演替型变迁的景观元素需要丰富文化内涵。这一类景观元素的共同特征是为旅游提供服务，但村民缺乏自身文化认同。因此，此类景观元素需要丰富其中的文化内涵。第四，缺失型变迁的景观元素集中于生产劳作空间，晒谷坪、木桥景观元素的村民记忆较强，但却没有在现实中找到激发记忆的物质元素，因此缺失型记忆景观亟待复原与保护。

（四）传统村落景观空间保护与记忆重塑

1.优化乡土景观意象空间

（1）点、线、面空间的重组

完善点 – 线 – 面空间结构。"点"重点指村落的空间结节点，如道路交汇的空地、广场空间等；"线"包括道路系统及河道空间；"面"指区域范围大的林地等。红岩村内林地资源充足，面状空间较为完整（图 6-30）。因此，点线面空间重组的重点在于空间结节点的强化、线状空间的优化。具体包括对红岩村空间结节点的深度挖掘，景观绿化的提升，以及线状道路连通性的完善。

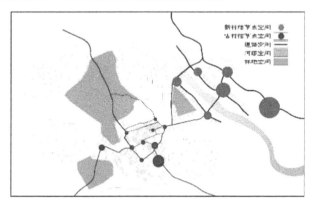

图 6-30 红岩村"点 – 线 – 面"空间系统

红岩村古村缺乏对结节点空间的挖掘（图 6-31），现有空间未能有效地为村民提供交流、集会、休憩等功能性场所；新村的节点空间得到开发，但现代气息浓厚、面积大，村民的使用率并不高，需要提升（图 6-32）。红岩村古村的道路系统不完善，部分黄泥巷道缺乏维护，新村全部道路与老村部分道路已硬化，对风貌影响大（图 6-33）。建议将可识别性较弱的道路采用乡土材质进行铺装处理，对硬化的路面做碎石铺面或者采用其他自然材质进行改造（图 6-34）。

图 6-31 红岩村结节点空间现状

（a. 古村结节点空间；b. 新村结节点空间）

图 6-32　空间结节点改善意向

图 6-33　红岩村连接度差与被硬化的道路

（a.古村部分黄泥路；b.古村被硬化道路；c.新村被硬化道路）

图 6-34　使用乡土材质的街道意向图

（2）意象空间的重构

从前文分析意象五要素角度看，村民的记忆程度排序为标志物＞区域＞边界＞路径＞结点，因此基于城市意象理论对可识别性高的标志物类元素、可达性高的区域类元素进行改善是重构的关键。

2. 提升乡土景观元素承载力

（1）消退型景观变迁——加强景观元素

消退型变迁的景观元素作为比重最大的一类，包含村民记忆深刻的房屋、道路、山体、平江河、鱼塘等元素，也包含记忆较强的生活场景、食品制作工艺等元素。其记忆重塑手段以加强为关键点，宜采用景观风貌整饬、乡村场景造境及保护性功能开发等方式。

① 景观风貌整饬

"整饬"一词带有强制性色彩，即基于传统村落中承载乡村记忆景观符号的要求与特征，对村落中不符合传统风貌的景观符号进行强制性改正，以达到恢复景观符号承载乡村记忆的效果，解决景观符号与传统风貌相冲突的问题。景观风貌整饬主要针对三类景观：第一类为需要通过整体调整得以与传统风貌相统一的景观，例如，新农村小洋楼式建筑风貌、现代化风格的游泳池等构筑物。第二类为仍保留传统元素但局部风貌冲突的景观，例如，红岩古村的部分巷道被水泥硬化，山泉溪涧部分沿岸进行了硬化处理等。第三类为景观环境的整饬，例如，平江河水质净化、风水池塘环境优化等。

② 乡村场景造境

"造境"的方法多用于诗歌之中，是一种基于具体物象，进一步将语言、文字还原成特定情境的方式。将造境的方法应用于乡村记忆的重塑上，即将记忆中存在的生活场景、传说故事、人文活动还原为可见场景，主要用于再现缺失型乡村记忆、加强消退型乡村记忆。本书将造境的方法分为两类：一类是静态式造境场景（图 6-35）；另一类为体验式造境场景（图 6-36）。

图 6-35 静态式造境场景

图 6-36 体验式造境场景

③ 保护性功能开发

基于传统村落历史文化的梳理，建立完整的传统村落档案，确保文化遗址与遗迹在不遭受破坏的前提下，将古民居建筑盘活，并保证原住居民的正常居住生活。例如，在尊重古民居外形原貌的基础上，适当增加外部装饰，改善内部装修，建构个性化的文化民宿、茶吧、书吧等（图 6-37）。

图 6-37　保护性功能开发

（上：黄姚古镇"一念一梦"客栈；下：浙江省桐庐县荻浦村牛栏咖啡）

（2）缺失型景观变迁——复原景观元素

缺失型变迁的景观元素，其记忆重塑手段为复原，主要采用建立民俗展馆、可读化景观符号的方式，辅助使用造境的方式。

（3）演替型景观变迁——丰富景观文化

演替型的景观变迁是指原本的景观元素由以前不存在于村落的新生元素所代替，而逐渐成为人们的记忆。红岩村演替型变迁的景观元素包括木桥、晒谷坪、民间艺术与节日庆典。总体来说，这些新生元素给村民带来的影响是积极的，但是新桥与晒谷坪失去了当地的传统

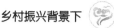

特色，需要提升文化内涵。民民间艺术与节日庆典仅在游客量多的节日上发挥作用，因此需要增强村民对文化的认同感。此类景观元素的记忆重塑方式为提升文化内涵，包括设立文化墙、淡化城镇化痕迹与增强民族认同等，还可辅之以可读化景观符号等手段。

（4）加强型景观变迁——优化景观元素

加强型变迁的景观元素在发展过程中景观效果得到加强，具有更强的可意象性，但多数为快速城镇化发展的产物，因此有许多能够优化的地方。红岩村中这类元素包括果林、土特产品、滚水坝、树群及制度文化。针对此类景观元素的优化，可采用开发文化创意的方式。

（五）传统村落景观保护发展建议

1. 完善乡村建设管治系统

传统村落的乡村记忆重塑需要多方面参与保障，合理健全的管治系统能够为传统村落居民提供高质量的居住生活与景观环境，对村落的多元化发展起到催化作用，实现传统村落的可持续发展，复兴乡村空间的活力。建议红岩村的管理模式向"社区管理"方式转变，引入商业管理公司，与村委会实现功能互补，各自发挥作用。由商业管理公司对旅游项目经营进行管控，基于乡土特色实现经济效益。

2. 发挥多方参与保护机制

（1）政府——引导者角色

政府作为传统村落发展的宏观调控者，应扮演公正积极的引导性角色，保证"保护"与"建设"的平衡，在建设之前做好村落的物质景观与非物质文化的挖掘并进行针对性的规划编制工作，再实施具体的建设项目。政府对村落发展的作用，应以引导为主，增强村民对自身的民族文化认同，拓展发展思维。政府的另一大作用是为村落疏通发展的资金渠道，是招商引资的中介与桥梁。在此过程中，政府应做好协调者的工作，保证多方利益的和谐。

（2）企业——后备力量角色

企业作为村落发展的主力，是村落发展强大的后备力量。应挖掘村落特色，开发创意文化产业，并有针对性地吸引投资商。

（3）村民——主人翁角色

在村落发展中，村民由居住者转变为旅游服务者，但主人翁地位却弱化了。村民需要提升自身的文化认同，加强乡村记忆保护的意识，明确自己的主人翁地位。

（4）游客——消费者角色

随着村落乡村旅游的发展，游客逐渐成为新社会关系中的一员，推动红岩村的发展趋向于快餐式的消费文化，游客的消费喜好也进而影响村民们对景观元素、消费产品的判断，间接影响了景观元素的变迁。

（5）专家学者——技术力量角色

传统村落的景观保护与记忆重塑，需要专家学者提供技术支持。对传统文化的深度挖掘、对景观符号的开发、对旅游资源的利用，都需要专家、学者、专业的旅游规划机构提供知识层面的支撑，保证村落正确的发展方向。

3. 提升当地村民的认同感

村民作为村落的主人翁，是活化村庄发展的核心力量。在空间生产活动中对乡村记忆的重塑要注重提高当地村民的参与程度。具体措施为：改善乡村空间的环境，提高村民与乡村环境的互动；免费开展技术培训等教育活动，邀请专家进行有针对性的讲座，提升村民的文化自觉与行动能力；复原传统技艺等体验式场景，引导村民成为文化与技艺的展示人；增强活动中的村民参与性；政府适当地实行权利下

放，增强村民的决策权与话语权。

4. 加强传统村落资金支持

政府作为村落开发的政策保障力量与决策力量，具有十分重要的引导作用。针对红岩村文化空心的现状，建议政府出台相关政策来支撑文化的重塑。例如增加资金投入，深入挖掘村落的历史文化、非物质文化等，对技艺传承人实施保护策略，进行适当政策性补助，对主动学习传统技艺的村民进行奖励等。红岩村正在考虑通过政府政策的支持，引入文化公司开发文化体验类活动，将村落提升为民俗体验、记忆传承的场所。

传统村落的乡村记忆重塑与保护涉及了社会、物质、精神各方面，需要足够的资金投入作为保障。传统村落的一般融资方式是通过旅游开发进行招商引资，这样的资金来源是单一并且保障性较低的。从长远发展来看，红岩村可拓展融资方式，形成政府与民间资金的互补，有利于提高村民参与的积极性。

四、结语

在当前乡村振兴战略全面推进的背景下，我国传统村落中乡土文化的延续正面临着巨大挑战，村民记忆中的乡村风貌逐渐模糊。乡村空间与其包含的景观元素是承载传统村落居民共有乡村记忆的两大媒介，在空间实践活动中研究景观元素的变迁，对于乡村记忆的保护与重塑有着重要的作用。本章节选取具有代表性的桂林红岩村，采用认知地图、深度访谈、文献阅读、实地勘察等方法，对红岩村近三十年的景观变迁的过程、类型、特征进行分析与归纳，进而研究乡土记忆传承与景观空间重塑。

本章得出主要结论有以下几点：第一，归纳了"消退型、缺失型、加强型、演替型"四种传统村落景观变迁的类型与"自然环境空间的人地关系弱化、生产劳作空间的传统生产文化缺失、聚落交往空间的城市化痕迹凸显、精神文化空间的本土文化传承度低"四大变迁特征；第二，采用认知地图、照片分析等研究方法，结合深度访谈、实地勘察，获取有效意向空间和景观元素，提出"解构－提取－识别－重塑"的传统村落景观保护与记忆重塑路径，并对传统村落景观保护发展提出了具体建议。

第 7 章　乡愁文化保护与乡村景观营建

一、选题背景与研究进展

当今乡村建设的热潮中极易出现一种"去历史、去文化"现象，即来自不同背景环境的乡村却拥有相似的面孔，看不到历史和文化对于乡村性格的塑造。"记得住乡愁"不能只停留在对过去城市化发展模式的反思层面，而应该成为乡村振兴的发展目标。如何在全面推进乡村振兴的背景下，深度挖掘、系统整理乡村所特有的地域文化，在开展乡村建设的同时保护好我们的特色村落，已成为备受社会关注的课题。

（一）研究背景

1. 乡村振兴背景下的"乡愁"

实施乡村振兴战略是关系中华民族伟大复兴、全面建设社会主义现代化国家的全局性、历史性任务。2017年，党的十九大报告中提出乡村振兴战略。报告指出，农业农村农民问题是关系国计民生的根本性问题，必须始终把解决好"三农"问题作为全党工作的重中之重，实施乡村振兴战略。2018年9月，中共中央、国务院印发了《乡村振兴战略规划（2018—2022年）》，文件提出"建设生态宜居的美丽乡村，发挥多重功能，提供优质产品，传承乡村文化，留住乡愁记忆，满足人民日益增长的美好生活需要"。2021年，中央一号文件提出"民族要复兴，乡村必振兴"，要求"全面推进乡村振兴""加快农业农村现代化"。实现乡村振兴，"记得住乡愁"是社会在文化和精神层面的诉求。

2. 乡村振兴背景下如何"记得住乡愁"

在中央相关政策的指引下，桂林各级县、乡在国家的号召下，纷纷全面推进乡村振兴。龙胜将人居环境改善工作作为实施乡村振兴战略的切入点，在乡村风貌的外在形式和内在文化方面下功夫，重视地方文化特色的保护与延续，注重乡村整体风貌与周边山水环境相协调。灌阳县"二月八"农具节增设多个特色农产品展区，成为游客了解当地农村发展的窗口。

桂北乡村振兴取得阶段性成果的同时也暴露出一些问题——快速的乡村建设虽然使村庄面貌焕然一新，但在建设中却忽视了乡土景观的营建和地域文化元素的延续，简单的模仿使乡村建设失去了灵魂，"乡村美丽了，乡愁却没了"现象时有发生。如何让人们找到心灵归属感与认同感，让乡村承载"乡愁"，是人类现代文明发展的需要，是乡村建设过程中值得人们关注的问题。

（二）研究意义

乡村振兴理应赓续人们的乡村记忆，探索如何更好地营建"记得住乡愁"的乡村，具有重要的理论价值和实践意义。

第一，理论价值。现阶段对于乡村振兴的研究大部分集中在宏观和中观层面，本研究从"乡愁"感知角度来探讨乡村景观建设，注重讨论村民与游客的心理感知和情感变化，综合分析国内外乡村振兴的研究与实践，重新定义了"乡愁"的含义和"乡愁"景观符号，通过对村民与游客的感知调查，提出了一套针对桂北乡村景观的营建策略，并通过具体实证案例研究为乡村营建提供参考意见。从"乡愁"感知视角出发，建设更多"记得住乡愁"的乡村，是坚持科学发展观的全新思路和尝试。

第二，实践意义。从全国范围内看，各地乡村振兴如火如荼，但在景观建设中出现了"千村一面"的现象，乡土景观与地方特色正在消失。本章节着重从"乡愁"感知角度出发，探寻村民与游客心中的"乡愁"感知，提出"承载乡愁"的乡村景观营建路径，有利于保护地方传统特色，满足人们的精神诉求，对乡村振兴的推进和"乡愁"景观营建具有一定的参考价值。

二、乡愁景观解构

（一）乡愁景观相关释义

1. 乡愁释义

"乡"指小市镇、乡村或是自己生长的地方、家乡。"愁"，忧虑、忧愁。乡愁是对家乡的思念，是一种对故乡眷恋的情感。在牛津词典中：乡愁（nostalgia）是因远离家乡或思念亲人和朋友而来的悲伤；中文词典中，乡愁解释为怀念家乡的忧伤心情。

"乡愁"概念具有多重涵义，可以从文化学、历史学、社会学不同视角对其进行内涵解析，如从社会发展过程中的时空转换视角进行时间定义，从精神映射产生文脉传承视角进行社会—文化定义[72]。随着近年来中国城镇化逐步迈入转型提升期[73]，作为城镇化的人口主力军—乡民在进入城市生活后，对故乡生活模式的依恋和对当下失重城市生活的迷茫交织融合，生成了一种困惑性的情感[74]，甚至形成一种引起广泛共鸣的社会文化现象[75]。尽管不同学科对其含义存在理解角度上的差别，但一致认为乡愁是一种能够表达和传承自身所在的区域风貌、风俗习惯[76]，带有强烈地域性和归属性的故土家园思恋情感。

2013 年，中央城镇化工作会议上以"城镇化建设要让居民望得见山、看得见水、记得住乡愁"这一诗意化的独特表达方式，将城镇建设与乡愁文化联系在了一起[77]。"乡愁"与"景观"在主体和客体的时间与空间变迁中不停被唤醒与升华，逐渐成为我国城乡地区普遍存在且代代相传的一种外在表现形式，是本地历史文化得以延续的重要媒介。总体而言，"乡愁景观"是人类文化、情感及意境等在景观环境层面上的体现，是"风情"与"风景"的结合统一，是主观性与客观性的结合统一[78]，是一种能够体现地域文化特色的生命力之美、拥有丰富当地文化特色的景观[79]。

2. 乡愁产生过程

本文将乡愁的产生过程分为事物活动阶段、记忆阶段、时空状态变化阶段和乡愁情绪产生阶段（图 7–1）。

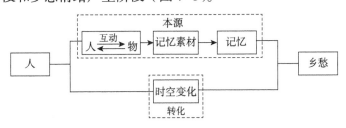

图 7–1 乡愁产生过程简图

（1）事物活动阶段

事物活动阶段是记忆产生的起始阶段，也是乡愁的本源。一幕场景，一段故事，通过人与人之间、事物与事物之间的互动，为人的记忆提供源源不绝的素材，不断丰富记忆使之成为情感产生的基础。在乡愁的背后，必定有深厚的与故乡有关的故事、场景等元素，并且其中某些事物活动给作为记忆主体的人留下了深刻、美好的印象，成为回忆中的重要因子。

（2）记忆阶段

人作为乡愁记忆的主体有一个前提——内在者，当地人或内在者指的是长期在某地生活的人，这些当地居民的生产生活是融于景观之中的[80]。记忆是人脑对经历过事物的识记、保持和再现，它是进行想象、思维等高级心理活动的基础。人在贮存经验时，总是根据已有的知识、经验、兴趣、观点重建识记内容，使它能够成为认识结构中的牢固成分。由于人的感情抒发大多依靠记忆，因此可以说"记忆"在"乡愁"产生的过程中发挥着重要作用。

（3）时空状态变化阶段

时空状态变化阶段，是乡愁产生过程中的转折阶段，也是触发情感的关键点。时空状态变化可分为时间状态变化和空间状态变化。

①时间状态变化：童年时代生活在乡村的人们，由于时间的流逝，久远的往事往往成为成年人珍贵的回忆。因此，乡愁所联系的多是历史，时间多为过去，这种不只是时间意义上的时间，也是空间意义上的时间，是作为特定地理环境和童年生活场所的历史时间[81]。

②空间状态变化：一方面，是空间位置的转移，背井离乡的漂泊者从原本长时间生活的地方迁至另外的地方，由于生活习惯、生存环境发生改变，以及对过去生活的留恋，从而产生怀念家乡的惆怅情绪；另一方面，是自处空间的变化，大规模的建设带来的是空间位置范围内由于发展的原因改变了原有的面貌，使人产生了思乡的惆怅之感。

（4）"乡愁"情绪产生阶段

"乡愁"由传统情感与当前生活交织而成，它产生于人与地理空间建立关系的时刻，并持续记载着栖居环境中所发生的自然演替与人文变迁等一切与人的生产、生活有关的片段，它既是对于人与自然和谐相处的吁请，也是物质文明与精神文明此消彼长的自觉制衡[82]。

乡愁的产生过程可总结为：事物活动作为起源提供记忆的素材与基础，由于时间状态和空间状态（包括空间位置的转移和空间内事物的变化）的转变，使人们产生的一种复杂情感。

（二）多维语境下的乡愁解读

1. 乡土文学——文学与哲学视角下的"乡愁"

（1）古义文学中的"乡愁"

"乡愁"的涵义是现代出现的，但乡愁作为一种情愫，是自古以来就萦绕在人们心头的文化表达，这种"回家"的冲动让"乡愁"成为中国诗歌中永恒的话题。在农耕时代的上古时期，"乡愁"是对亲人的思念；在科技与文化进步的两汉时期，"乡愁"是离家求学的思乡之情。东汉末年的建安时期，由于社会动荡，济世安民、为国立业的豪情搅动文人内心深处的"乡愁"；分裂割据的魏晋南北朝时期，"乡愁"是游宦羁旅的离别乡情；唐朝诗歌内涵丰富，"乡愁"涵盖羁旅、边塞、仕途、友情等情境；唐朝个人与国家命运交织的"乡愁"延续到宋朝；元代的"乡愁"多与亡国之痛相伴；清初的"乡愁"多为羁旅之情；半殖民地半封建社会的晚清，个人情感为家国情怀让位，诗文以表现爱国情怀为主。

（2）现代文学中的"乡愁"

"乡愁"常见于现代文学作品，其中以余光中的《乡愁》最具代表性。这首抒情诗中解释到："乡愁不仅是地理的，也是历史的，并不是说回到你的乡，回到那一村一寨就可以解愁的，乡愁是包含着历史与时间的沧桑感在其中的"[83]。余光中提到，回到故乡因为见到了和记忆中完全不一样的场景而心生一种陌生感，这也是一种"乡愁"。余光中提到的"乡愁"，是一种随时空状态变化而产生心理认同感与归属感的缺失。回乡与忆乡的落差感勾起了人们对于过往记忆的怀念，使"乡愁"多了一层忧伤的色彩，这种只能在记忆中回味的感觉是一种别样的乡愁。

陈觐恺[65]基于文学视角认为"乡愁"是回忆起故乡时的一种忧伤情感，是一种对家的思念和忆起家乡幸福而忧伤的体验。沈成嵩在他的《记住乡愁》里将思乡之情寄托于农事，写道"乡愁"是节日的食物，是家乡的小桥流水，是民俗风情。总结发现，现代文学作品中的"乡愁"多以表达思乡之情为主题。在现实中，生活在城市中的外乡人多有活在别处的异乡感，处于竞争压力环境中难以安居，继而会产生对"故乡"的思念之情，陷入深深的"乡愁"。

2. 乡土中国——社会学视角下的"乡愁"

（1）社会学视角下解读"乡愁"

费孝通先生在《乡土中国》中提到中国社会是乡土性的，他认为"乡土社会是传统文化的根源，它的生活是富于地方性的"。文中从乡人扎根的"土""文字下乡""差序格局""私人道德"谈到从性别、血缘、礼制等方面阐述的"家"，幽默之余引发了读者对城乡社会差异的反思。"乡土中国"是一个基于社会学视角来理解的名词，看似是在研究乡村的社会发展，实则是一个放眼整个中国社会的概念。费先生在文末指出：从乡土社会到现代社会，我们曾经习以为常的生活方式，在现代生活的很多地方都产生了流弊。而这种正在发生的流弊引发着人们对乡土社会的怀念，激起人们内心追寻"乡愁"的波浪。现代社会，乡愁得以寄托的最根本条件是生活在城市里的乡民能够获得生存的能力和尊严，"乡愁"应是人们在离乡之后因在他乡得以安身地回头一望[84]。

（2）乡土中国与"乡愁"

目前，产生"乡愁"的主体是生活在城市里的外乡人，由于城乡二元体制带来的城乡差异，外乡人很难真正立足于城市并获得与城市人一样的身份认同。而缺乏身份认同使人回忆家乡、寻找心灵港湾，产生"乡愁"。这种离乡体验使得人们对传统进行了重新的认识，这一点上看，"乡愁"是积极的，是具有推动性的。顾国培等认为，在追寻"乡愁"的道路上，记忆中的故土是一种价值认同的象征，这种象征才是"乡愁"置于中国传统文化之中的真正内涵[85]。有学者揭示了"乡愁"与传统农业社会密切的关联性，故乡是一种身份认同，是地域和文化的归属。

3. 乡土记忆——人类历史学视角下的"乡愁"

（1）人类历史学视角下解读"乡愁"

基于人类历史学的视角，吕曼秋认为乡愁是对家乡事物的怀念，对祖先、历史、传统的情感[86]。乡愁的本质是一种情怀，是背井离乡的人思念故土、寻找根的记忆和心灵寄托。"乡愁"是一种独有的家乡记忆，是对家乡的留恋和感情、精神的寄托，美丽的自然山水是乡愁，独特的地域文化更是乡愁，唯有守住本土优秀文化，才能在内心深处留住乡愁。总体上看，人类历史学视角下的"乡愁"，主要是以人们对故乡的怀念和记忆而产生的思乡情感为主。

（2）乡土记忆与"乡愁"

乡土记忆是由乡村独特传统逐渐内化而成的村民思想观念和认知习惯，是乡村文化的直接凝结与体现。从特质上来看，乡土记忆是一个多层次的动态系统，是乡村认同和乡村社会资本的集中体现。从功能上来看，乡土记忆具有社会认同、心灵净化、文化规约、心理安慰的功能。在快速城镇化背景下，加强乡土记忆的保护是维系乡愁的必要手段。乡土记忆具有相对独立性和完整性，不仅体现为生活情趣、情感心理等无形的东西，也表现为建筑材料、生活物品、家谱村约等有形的东西，不仅凝聚了乡村的历史，也是一个不断丰富、传承和发展的动态过程。

4. 乡土文化——文化地理学视角下的"乡愁"

（1）文化地理学视角下解读"乡愁"

基于文化地理学视角，中国人的"乡愁"有自身独特的东方背景。人们一方面将"乡愁"置于地理空间的角度，把"故土"看作一种寄托情感的地理空间；另一方面用时间的角度看"乡愁"，是一种对家乡的记忆和对家园的期许。作为"乡愁"的对象，特定的场所能够唤起人们的记忆。"乡愁"是一种乡土文化，并且根植于广大农村地区，"乡愁"的"文化承载物"可以作为一种文化表征，例如古树、老巷等。从文化地理学角度解读"乡愁"，它还是一个具有时空性的概念。"乡愁"是一种普遍心态，时间和距离都能产生不同"浓度"的"乡愁"。

综合以上观点，基于文化地理学视角下解读"乡愁"的理解，大致可以分为以下几个方向：①地理空间上产生的乡愁，即对"故乡"的情感；②记忆与场所产生的乡愁，场所精神唤起了记忆中的怀念；③农村地区实质性的景观唤起一种可以归因于乡土文化的乡愁；④因时间距离而产生的乡愁。

（2）乡土文化与"乡愁"

"乡土"一词最早出现在先秦时期，《列子·天瑞》中提到"有人去乡土，离六亲，废家业。"句中"乡土"指的是家乡故土。乡土文化是文化的一个分支，根植于农村，是每一个农村地域所承载与沿袭的精神文化。乡土文化是代表农村的一种符号象征，是根植于每一个乡民内心深处的情感认同，它牵引着乡民对家的怀念和眷恋。乡土文化既包括物质的元素，如古树名木、古建遗存等，也包括非物质的元素，如传统技艺、民俗风情、传说故事等。保护和传承乡土文化，是留住"乡愁"的核心所在。在美丽乡村建设中，营造能够传承乡土文化的"乡愁"景观是建设的关键所在。

5. 乡村建设——乡村振兴视角下的"乡愁"

"乡愁"是对有形物质文化遗产的保护，是一种亲情关系、人际关系的回归，同时创新传统文化，达到提升人们思想意识和境界、营造人人平等氛围的目标。有学者关注"乡愁"的都市表达，提出"乡愁"主要存在于在乡村、城市都有生活经历的人群，把"乡愁"看作一种权利和态度，并赋予"乡愁"积极的涵义。现代的"乡愁"不再等同于怀旧，应理解为一种主动适应新世界现状，是新型城镇化的一种理想模式。

乡村振兴背景下的"乡愁"主要源于人民日益增长的美好生活需要和不平衡不充分的发展之间矛盾，亦源于传统与现代的矛盾、乡村与城市的矛盾。"记得住乡愁"就是要化解城镇化发展与乡村文化传承的矛盾。乡村振兴要实现环境的转变和心灵的归属双重目标，才能真正塑造适宜栖居的情感空间，使物质主义转变为人本主义。乡村振兴战略中的乡村建设重点不仅在于外在景观营造，更关注地方文化的延续，营建承载"乡愁"景观，给予人们精神寄托与情感共鸣的载体。

6. 乡土情结——心理学视角下的"乡愁"

（1）心理学视角下解读"乡愁"

社会学家戴维斯（Davis）认为，"乡愁"是指在物理空间上的一种迷失家乡的感觉或是一种思乡病。美国心理学家瑟伯（C.A.Thurber）和沃尔顿（E.A.Walton）[87]在美国高校进行了研究，认为"乡愁"是一种发生在离家当时或离家之后的痛苦情绪。德国心理学者霍弗（J.Hofer）认为，"乡愁"是一种疾病，是由于年轻人感到被社会孤立而产生的。

"乡愁"是由主体体验的情感而来的，隐含了一种追忆乡村和追思生命意义的积极性。乡村存在乡土精神，是承载文化的"活的记

忆"，"乡愁"是一个"觅母"的过程，是一个文化命题，具有哲学意义。从情感维度理解，"乡愁"是一种心理情绪，是对已逝去的生活方式和文化的一种惆怅情绪，是思念家乡、眷恋故土、追忆原乡的不舍情怀。也有学者将"乡愁"的表现总结为三个层面：对故乡亲人邻里的思念；对故土风物的怀念；对民族传统的眷恋。

国内外基于心理学角度对"乡愁"的解读大致可以总结为以下几个方面：①思念家乡，因家乡的变化而产生的眷恋；②陌生的地理空间无法获得精神和情感的寄托；③活在过去的回忆，偏爱过去；④文化认同感可以产生情感寄托。

（2）乡土情结与"乡愁"

作家柯灵在《乡土情结》中这样写道："故乡的一切在每个人身上都打上了烙印。"这种故乡的烙印就是乡土情结，是每个人心中对故乡的特殊情感，就像与亲人一般无法挥去的血脉浓情。"乡愁"就是一种乡土情结，是一个人无论身在何处，境遇如何，变成何种模样，都无法抹去的一个"印"。在美丽乡村建设中，维护能够激发人们乡土情结的"乡愁"景观元素，是保护和传承乡土文化的重点。

（三）乡愁景观的符号解析

符号包含两个方面的内涵：一方面为意义的载体，是精神外化的呈现；另一方面它具有能被人们所感知的客观形式。就广义上而言，符号可以是图形、文字、图像，也可以是建筑形态、声音信号，还可以是思想文化或时事人物。因为符号本身就可以被看作是一种文化，所以"乡愁"景观符号与农耕文化、乡土景观之间也定然有着众多的内在联系。不管是自然生态环境、乡村格局、建筑形式，还是人的生活习惯、观念信仰等，这些承载"乡愁"的信息载体具有寄托"乡愁"的功能。因此，在营造承载"乡愁"的景观设计中，首先应该提取"乡愁"景观符号，再探讨将其运用到具体景观设计中去的方法。本章节通过分析和理解"乡愁"，提炼出"乡愁"景观符号，总结出其在自然、地域、文化和美学方面的内容（表 7–1）。

表 7–1 "乡愁"景观的符号解析

符号 类别	符号 属性		符号内容
自然 符号	显性	地形	山谷、高山、丘陵、草原、台地、斜坡、平地等
	显性	水系	江、河、湖、水渠、小溪、水库等
	显性	植物	森林、古树、房前屋后的小树林等
	显性	动物	鸡、鸭、牛、羊、鱼、蝴蝶、泥鳅、青蛙等家养或野生动物等
地域 符号	显性	构筑物	民居、祠堂、古戏台、古桥、牌坊、寺庙、古井、码头等
	显性	道路	村庄交通要道、街巷、登山道、田埂、园路等
	显性	农业景观	稻田、麦田、鱼塘、果园、菜园、桑基等
	显性	乡土材料	石墙、夯土墙、茅草屋顶、卵石铺地、木质围栏等
文化 符号	显性	生活生产	石磨、仓库、石墙、围栏、锄头、镰刀、渔网、犁、打谷机、柴堆、民间手工艺、地方小吃等
	隐性	民间艺术	戏曲、舞蹈、民歌等
	隐性	民风民俗	乡规民约、节庆祭典、邻里乡情等
美学 符号	隐性	人与自然 的和谐美	人与乡土建筑、农田、道路、河川、树林等各要素之间的比例关系
	隐性	景观潜在 的意境美	人们内心的"乡愁"感知、形象联想、哲理体验、审美表达等
	隐性	心灵归属 的记忆美	使用具有回忆感的乡土材料，如石材、砖、瓦、木材等，将自然要素与文化要素相融合形成记忆空间等
	隐性	文化享受 的心灵美	注重文化影响和社会关系等方面，反映出情感、观念信仰、伦理道德、观念价值等

三、乡愁景观感知与建设效果分析

（一）研究对象与研究方法

1. 研究对象

选取广西壮族自治区桂北地区不同发展类型的具有代表性的五个美丽乡村作为调研区域，分别为：龙胜县和平乡龙脊村、灵川县大圩镇熊村、恭城县莲花镇红岩村、灌阳县小龙村、桂林市秀峰区鲁家村。

其中龙脊村、小龙村、红岩村为全国特色景观旅游名村，龙脊村、熊村为中国传统村落，鲁家村为广西特色旅游名村。龙脊村与小龙村属于传统风貌保持较好的村落，乡村建设与旅游融合发展较好。熊村虽保留着旧时商业街的面貌，但自然性损坏较为严重，是衰落中的传统村落的典型。红岩村和鲁家村都属于在原有传统村落风貌的基础上重新修建完成的，属于桂林市重点打造的美丽乡村。本章节选取的 5 个村落类型多样、特色明显、民族特色浓厚，对"乡愁"研究具有样本典型性和代表性。

2. 研究方法

研究方法包括问卷调查法、访谈法。考虑到当地村民的教育程度，部分问卷填写是村民口述，调查者代填。本研究先后对 5 个村落展开问卷调研与深度访谈，共发放 400 份问卷，每个村落 80 份，居民和游客各 40 份，回收有效问卷 380 份（其中村民 193 份，游客 187 份），运用 SPSS 16.0 软件进行数据分析（表 7-2）。

乡愁调查的主体包括常年生活在本地的居民以及从该地进城务工者，他们对乡村有着更多的了解和情感。泛义的主体包括"在异

172

乡"的城市移民及不忘故乡与长辈的新一代城市人，他们对乡村有着特殊的怀旧感情，也是乡村旅游的主力军，本文统一将这类人群归类为调查中的游客。问卷主要探讨 3 个层面问题：（1）什么是美丽乡愁景观？村民和游客的乡愁是否相同？（2）哪些景观能够唤起人们的乡愁记忆？（3）美丽乡村景观建设是否留住了乡愁？如何留住乡愁？

表 7-2　调查问卷发放情况

调查对象	调查地点					总数
	龙脊村	小龙村	熊村	鲁家村	红岩村	
	有效问卷 / 发放问卷数（有效率）					
村民（问卷）	39/40 份（97.5%）	38/40 份（95.0%）	39/40 份（97.5%）	39/40 份（97.5%）	38/40 份（95.0%）	193/200 份（96.5%）
游客（问卷）	38/40 份（95.0%）	37/40 份（92.5%）	37/40 份（92.5%）	39/40 份（97.5%）	36/40 份（90.0%）	187/200 份（93.5%）
村民（访谈）	20 人	20 人	20 人	20 人	20 人	100 人

注：问卷调查与访谈同时进行

（二）基于乡村振兴的"乡愁"景观偏好

1. 游客"乡愁"景观偏好

通过问题"您游览本村后印象最深是什么？"调查游客对乡村景观建设的整体偏好。结果表明（表 7-3），选择聚落空间和传统民居的最多，所占比例分别为 25.4%、19.0%；其次是田园风光（18.5%）和山水环境（13.3%）。游客对桂北村落"乡愁"景观感知偏好总体相同，但由于每个村落景观环境条件的不同而有所差异，如游客认为对小龙村和熊村的民居建筑、龙脊村与红岩村的田园风光、鲁家村的风物特产印象比较深刻。

表 7-3　基于乡愁感知的游客和村民偏好调查

视角	村落名称	印象最深的、最美丽的景观要素类型 (%)						
		山水环境	田园风光	聚落空间	传统民居	风物特产	民俗活动	传统技艺
游客视角	红岩村	23.2	30.0	17.5	5.1	3.5	13.8	6.9
	小龙村	10.1	19.4	24.2	28.2	3.0	3.0	12.1
	龙脊村	15.5	31.0	25.4	19.7	2.8	2.8	2.8
	鲁家村	9.7	5.6	16.7	12.5	29.1	16.7	9.7
	熊村	7.8	6.3	43.8	29.5	6.3	4.7	1.6
	总占比	13.3	18.5	25.4	19.0	8.9	8.2	6.6
村民视角	红岩村	16.3	7.4	17.2	15.7	17.2	15.9	10.3
	小龙村	18.1	14.0	21.3	21.6	10.2	7.4	7.4
	龙脊村	12.1	21.3	5.9	23.9	13.0	11.9	11.9
	鲁家村	13.7	18.2	15.5	19.6	14.1	12.1	6.8
	熊村	11.7	14.9	20.8	26.1	6.9	9.4	10.2
	总占比	14.4	15.2	16.1	21.4	12.3	11.3	9.3

2.村民"乡愁"景观偏好

通过问题"您认为家乡最美的景观是什么？"调查得知，村民认为排序为前 3 的是传统民居（21.4%）、聚落空间（16.1%）和田园风光（15.2%），这是村民眼中乡村中最美的、最值得保护的景观元素，也说明了桂北乡村独特的自然生态条件和社会文化特征。各村落村民对该问题的感知差异性较小。访谈印证了村民普遍认为乡村最美的、令他们最难忘的就是过去的老房子、生活景象和自然田园景象。他们对这些因素的改变更为敏感，也更希望通过这些景观让乡村记得住"乡愁"。

（三）基于乡村振兴的"乡愁"景观记忆

1.游客心中的"乡愁"景观记忆

为了探寻游客"乡愁"景观记忆感知，本调查设置了 2 个问题：

"在乡村旅游中最能勾起您'乡愁'的方式是什么？您认为哪些场景最令您感受到乡村气息？"。调查结果（表 7-4）显示：（1）最能勾起游客"乡愁"情感的是家乡生活方式（31.4%）、饮食习惯（25.8%）和劳作方式（24.3%），影响最小的是家乡语言习惯（18.5%）；（2）游客感到乡村气息最强的场景是生活场景（32.4%）和耕种场景（30.7%），感受较弱的是休闲场景（如树下聊天）和娱乐场景（如庙会、赶集）。每个村落都有其独特的魅力，如龙脊村的耕种场景、鲁家村的生活场景更能引发游客的乡愁景观记忆。

表 7-4　游客心中的"乡愁"记忆调查

村落名称	最能勾起乡愁的习性或方式（%）				最能感受到乡愁气息的场景（%）			
	饮食习惯	生活方式	劳作方式	语言习惯	耕种场景	休闲场景	生活场景	娱乐场景
红岩村	28.9	28.9	28.9	13.2	34.3	25.7	22.9	17.1
小龙村	28.6	28.6	21.4	21.4	29.2	20.8	29.2	20.8
龙脊村	30.6	28.6	14.3	26.5	51.4	18.9	24.3	5.4
鲁家村	18.9	27.0	32.4	21.6	8.1	16.2	48.7	27.0
熊村	22.0	43.9	24.4	9.8	30.6	19.4	36.1	13.9
总占比	25.8	31.4	24.3	18.5	30.7	20.2	32.4	16.8

2. 村民心中的"乡愁"景观记忆

通过"最让您念念不忘的是乡村的什么地方？"这一问题，了解村民内心最难忘的乡愁记忆。由调查结果（表 7-5）可知，排在前 4 位的分别是老房子（21.3%）、老街巷（15.5%）、饮食（14.8%）和旧习俗（14.7%），这反映了令村民留恋的"乡愁"元素主要是传统民居、风俗习惯和食物。每个乡村由于历史文化发展过程不同，令人记忆深刻的"乡愁"文化景观元素也存在差异。小龙村和龙脊村的老房子、熊村的老街巷、红岩村的旧习俗、鲁家村的特色美食，这些元素无不体现各村落不同的景观与文化特色，在美丽乡村建设与旅游发展中可以得到有效利用。

表7-5 村民心中的"乡愁"记忆调查

村落名称	乡村最让您念念不忘的地方 (%)							
	山水	老街巷	老房子	旧习俗	方言	古树	饮食	歌谣
红岩村	6.5	10.4	16.9	29.9	6.5	3.9	20.8	5.2
小龙村	20.0	15.7	21.4	10.0	10.0	7.1	7.1	8.6
龙脊村	18.6	12.7	20.6	12.7	7.8	6.9	13.7	6.9
鲁家村	8.0	6.7	18.7	8.0	4.0	10.7	30.7	13.3
熊村	14.5	32.9	28.9	11.8	2.6	6.6	1.3	1.3
总占比	13.8	15.5	21.3	14.5	6.3	7.0	14.8	7.0

（四）基于乡村振兴的"乡愁"景观建设效果

1. 游客视角下的乡村景观建设效果

设置"您认为本村落符合您想象中乡村的样子吗？"这一问题，以"0—5分"表示游客对此"完全不同意—完全赞同"的判断。结果显示（表7-6），游客在游览后认为龙脊村和小龙村比其他村落更加符合想象中乡村的样子。实地调研也发现，两个乡村的乡土气息更加浓郁，"乡愁"文化保存较好，反映出游客乡村体验的满意度与"乡愁"文化直接相关。

表7-6 游客对乡村景观建设感知调查

村落名称	均值	方差	标准差
红岩村	3.54	0.818	0.904
小龙村	4.22	0.633	0.796
龙脊村	4.43	0.316	0.562
鲁家村	3.10	0.423	0.651
熊村	3.26	1.155	1.075

2. 村民视角下的乡村景观建设效果

为了了解村民对乡村景观建设效果的感知，设置 7 个小问题，调查统计结果见表 7-7。在乡村居住环境方面，村民普遍认为老房子应该保留，并认为要根据本地特色改造，同时希望有现代化、城市化的居住条件。有一半以上的村民表示，如果有条件盖新房，会按桂北传统民居（坡屋面、白粉墙、小青瓦、马头墙、木花格窗、青石墙裙）的样式建造。

表 7-7　村民对乡村景观建设感知调查

具体选项	得　分					
	红岩村	小龙村	龙脊村	鲁家村	熊村	平均值
希望有现代化的居住条件	3.42	3.73	2.41	3.15	3.89	3.32
乡村文化要传承下去	4.26	3.16	4.68	4.09	4.37	4.11
有责任保护和恢复乡村原貌	3.80	2.91	4.24	4.33	3.69	3.79
老房子要进行特色化改造	4.61	3.13	4.29	4.29	3.52	3.97
老房子很重要，应当保留	4.39	2.92	4.44	4.08	4.12	3.99
美丽乡村建设改善了生活	2.99	3.04	4.03	3.97	3.85	3.58
我对美丽乡村建设的满意度	3.00	2.77	3.89	3.19	3.07	3.18

村民普遍认为乡村文化应该流传下去（得分高达 4.11 分），也有责任保护和恢复以前的面貌（3.79 分）。但在建设实践中，仍面临乡村文化和乡村记忆消失的困境。通过深度访谈发现，由于资金、经验不足等原因，大多数村民表示自己没有能力承担这样的责任，但若有政府牵头、技术人员指引，村民还是愿意投入到村落景观保护中。调研和走访也发现，绝大多数村民认为美丽乡村建设改善了生活环境，总体较为满意，但对未来乡村自然环境的恶化和乡土文化的流失表现出一定的担忧。

（五）主要结论与启示

1. 保护生态、传承文化

生态环境是村民赖以生存和旅游开发的基础，也是"乡愁"景观的重要内容。加强生态环境保护是改善村民生活环境极为重要的举措，也只有生态环境质量的不断提高和改善，才能为村民生活改善及旅游开发提供良好的物质基础。民俗文化是最为宝贵的资源和财富，要倡导、教导村民珍爱自己的民俗文化，提高村民自豪感，拯救濒临消失的民俗，并将民俗文化代代相传，让美丽乡村"记得住乡愁"。

2. 以人为本，尊重民意

倡导以旅游为导向的新农村建设，强调旅游在农村经济发展中的积极促进作用，最终目的是将利益回馈当地村民，而"乡愁"景观体现着人的情感性，必定要求以人为本。旅游开发建设应从村民的利益出发，结合美丽乡村建设原则、要求、标准，以村民的意愿为基准，解决村民最需要解决的问题，体现美丽乡村建设的人文关怀精神，有效改善居民的生活条件，系统配置村庄公共服务空间及配套旅游服务、安全设施。

3. 坚持地方性，凸显乡土记忆

村庄规划设计，要注重保持乡村风貌，梳理建筑空间，保护古村意蕴，维护"乡愁"景观的空间性和整体性。适当拆除危旧房屋，注意防灾安全，注重古村视觉景观设计，凸显古村文化内涵。同时在建设中要展现其地方特色，保留独特的乡村记忆。将历史的古村建筑语言和优美的自然景观环境相结合，彰显古村文化特征，梳理建筑空间环境，对原有的建筑进行全面整治，保护古村风貌。

四、桂北乡愁文化保护与景观营建路径

（一）实证研究地基本情况

实证研究地为桂林市灌阳县小龙村，位于桂林市灌阳县新圩镇西南，入选第三批全国特色景观旅游名镇名村。2014 年小龙村获"中国最美休闲乡村"称号，2015 年广西壮族自治区人民政府正式授予小龙村"广西特色旅游名村"称号，成为当年全区 5 个"广西特色旅游名村"之一。

1. 区位条件

小龙村位于桂林市灌阳县西北部，地理坐标为北纬 25°33′47″~25°32′57″、东经 111°05′15″~111°06′31″。随着灌阳高速的逐步建成，小龙村至桂林市区车程缩短至 1.5 小时。同时，作为千家洞黑岩风景区的重要组成部分，是游客通过桂林进入灌阳的门户，小龙村逐渐承担起千家洞旅游圈门户的功能地位。

2. 自然生态环境

小龙村地处亚热带季风气候区，四季分明、雨量充沛、气温和相对湿度适宜。年平均降雨量 1538.4mm，年平均气温 17.9℃，最高气温 39℃，最低 –5.8℃。年无霜期约为 240–300 天，全年适游，尤其是秋季，天高气爽，山峦景色优美。小龙村内的童家屯山环水抱、前田后林，自然生态环境良好，四周群山环抱，呈现盆地景观地貌，清澈的小龙河自西向东穿过盆地中央，林木葱葱。群山、田园、河流与古民居宛如一幅优雅的自然山水画卷（图 7-2）。

图 7-2 自然生态环境

3. 景观资源特色

小龙村的资源特点是展现"乡愁"景观的重要基础，其特征可概括为三点：一是景观层次感强。整体为椭圆形盆地状地形，在周围雄伟的高山环绕下，错落有致的村庄、纵横交错的田园、蜿蜒流淌的溪涧相互掩映，景观层次分明。二是空间组合极佳。整体看，四周群山与溪涧、田园、村落等构成了"山 – 水 – 田 – 舍"相结合的综合审美空间。局部看，村落、丘谷、水田、林地等元素共同组合，形成以小龙村为中心的区域范围内相对封闭的独立空间单元。三是自然人文交映。良好的地形地貌和山水组合条件提供了开发旅游项目的自然禀赋，加之当地的农耕文化，孕育出小龙村清新多彩的田园风光以及淳厚的乡情民俗（图 7–3）。

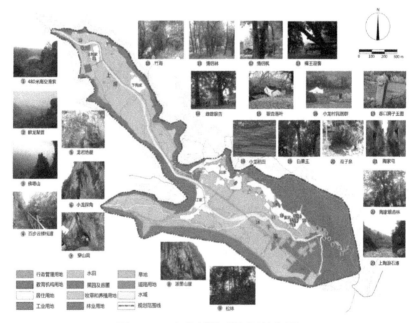

图 7–3　小龙村景观资源特色图

4. 建筑景观风貌

在对小龙村进行实地问卷调查中发现，传统民居让游客印象最深，也最能令人感到"乡愁"。目前，小龙村的童家屯已经基本形成"曲尺型"建筑空间布局形态。总体上沿等高线，随着自然地形的标高逐级建造，层次分明。建筑形式上多为湘南民居风格（图7-4），多呈三合院敞厅式建筑布局。高墙坡顶，门窗洞口较少，四周外墙高达9 m，屋面占比较大，室内通风采光主要依靠敞厅、天井。山墙檐口及门窗洞口是其装饰重点，墙面多为清水砖，少有黄泥、竹质材料出现。屋面多覆盖青瓦，色调明朗雅致，给人留下深刻而特别的印象。

图7-4 建筑景观风貌图

5.文化景观特色

小龙村景观动人之处在于，不仅拥有田园风光的自然之美、湘南民居的雅致之美、汉瑶民族的风情之美，还有多年来当地乡民传承下来的悠然自得的农耕之美，那是一种与自然相融合的生活形态和乡土之美。小龙村青山环绕，掩映在青山绿水间的6个村屯鳞次栉比、错落有致，早期建筑和乡村风貌保存良好，生态环境宜人，民风淳朴，村民热情好客。小龙村为汉瑶杂居之地，其中瑶族为原住居民（图7-5）。在长期社会生产活动中，瑶汉共创了绚丽多彩的民族文化，其中民俗节庆、手工艺、饮食等都具有浓郁的民族特色和地方特色。如灌阳油茶、瑶族熏肉、二月一赶鸟节、六月六尝鲜节等。"乡愁"景观离不开村庄的人文景观，当地的节庆活动、民族文化、手工艺品都容易引发人们的遐思。

图 7-5 文化景观特色图

（二）承载乡愁的美丽乡村景观营建路径 [①]

1. 保护乡土田园格局，构建生态空间

通过对小龙村现有乡土田园格局、用地性质的深入考察，综合多元旅游资源和区位分布情况及道路的分布，小龙村将实现"一脉、一带、四区"的空间战略格局。

（1）"一脉"：小龙河水脉

充分利用现有水资源，整治小龙河水道，形成贯穿整个区域的灵动水脉，通过流动的水系将小龙村不同特色的亮点旅游产品串联，形成山水、田园、村舍等要素构成的完整画卷，营造世外桃源、宁静安详的意境，并命名为"桃花溪"。

（2）"一带"：农业景观带

突出乡土田园特色，利用现有农林资源，形成与乡土田园格局相符的农业景观带，包括科技农业示范区、有机菜品采摘区、四季农庄、田园艺术画廊、双子田园。

（3）"四区"：主题功能区

整合区域内地质景观、田园风光、民俗文化、山水泉林等资源，在一脉、一带的格局中，划分四个不同功能的主题区，形成以田园为基调的四个区块，包括入口序景区、游憩体验区、艺术村落区和田园度假区（图 7-6）。

---

① 此小节内容融入了笔者参与的《桂林灌阳小龙村旅游开发建设规划》成果。

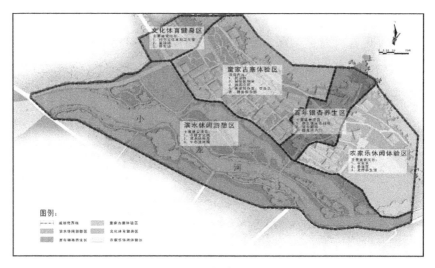

图 7-6　小龙村功能分区图

乡土田园格局的保护主要实行分区控制的方式。①适建区：主要为村庄东西两侧，规划旅游、公共设施建设用地和村庄发展预留用地。适建区可建设民居、村庄公共服务设施、基础设施、旅游服务设施等，产生垃圾和污水的设施主要放在适建区建设。②限建区：为童家古寨体验区、百年银杏养生区、滨水休闲游憩区用地范围。限建区允许建设必要的旅游服务设施，以及游步道、观景台和景观小品等对环境影响较小的景观设施等，但要控制建筑密度和容积率，不允许建设大体量的人工建筑，和谐的空间尺度会给人带来归属感与亲切感。③禁建区：除适建区和限建区以外的所有河岸、水体、山体、农田和其他地块，总面积约 5.97ha。禁建区禁止建设人工建筑，主要用于保护环境和农业生产。可根据旅游发展需要，对其山体、林地、农田、水体等进行景观营造，营造良好的生态空间。

小龙村独特的山水田园格局是"乡愁"景观地方性最直接的表现，广阔的田地给人悠闲的感觉，与空间被高度利用的城市相比，田园给人带来安心感和宁静感。第一，应通过恢复山体植被景观，保持小龙村生态自然大背景；第二，应注重依山修建的栈道、观景台、休息亭廊等设施的营造。建筑和设施应与山水景观相协调，并通过对地形和植被的营造，成为山水田园格局的有机组成部分（图7-7）；第三，现状山林植被多为松树、凤尾竹等常绿树种，视野以墨绿和深绿色调为主。建议适当改造植被的季相特征，丰富景区的自然景观，提高旅游观赏价值；第四，现状水系主要以溪涧的形式存在，虽然朴实自然，但略显单调。通过整治和改造小龙河水景体系，沟通上洞—下洞水系，还原水的多种形态，如溪、瀑、潭等，增强自然生态景观的视觉效果，体现文化的原生性与延伸性，构筑自然环境与人文景观的场景空间变换，形成整个区域内山水灵动的景观印象和生态空间。

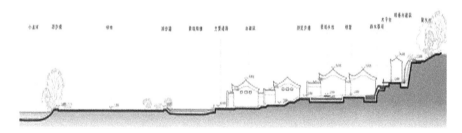

图7-7　小龙村水景局部剖面图

2. 维护传统聚落风貌，凸显地域特色

传统聚落风貌是乡土景观整体性与地方性的集中体现，在"乡愁"景观营建中有重要的地位。小龙村聚落风貌控制应建立在对建筑现状进行科学调研和分类基础上（图7-8），突出体现与地域环境相承接的自然与文脉精神，加强空间形式与景观尺度、功能衔接、景区单元的协调关系。在不改变乡村地形地貌与农田分布的基础上，最大限度地保护乡土聚落所承载的乡村记忆和古民居原生态景观，并充分考虑乡民的意愿和土地的可持续利用。

新建民居层高应控制在3层及以下，建筑组团间距须大于6m，组团内部建筑间距不得小于 4m。建筑风格应符合当地坡屋顶、挑檐、木格窗的传统风格，体量宜小不宜大。建议对现有不符合传统建筑风貌的民居进行外立面改造，使之符合传统建筑风格，且与周围的景观环境相协调。景区服务设施应按照传统建筑风格进行建设，以青砖、青瓦为主基调，以板栗色的轮廓线为辅调，禁止建设占地 9 米 ×9 米以上的大体量接待服务设施。旅游景观小品应符合传统建筑风格，不应破坏河谷山峰天际线和水岸线的整体性，同时要注重对传统文化中地域特色的挖掘，营造体现乡愁的景观小品。

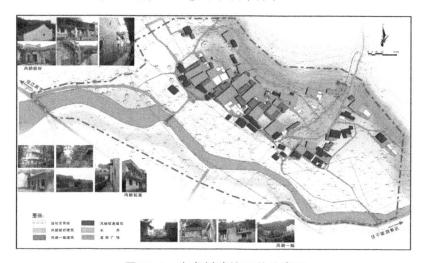

图 7-8　小龙村建筑风貌分类图

为维护小龙村建筑空间格局和传统风貌，对小龙村现存民居进行分类改造共分为保护、修缮、改造、拆除四类（图 7-9）。保护类建筑实行修旧如旧式保护与修缮措施。修缮类建筑在保持原建筑结构与历史风貌不变的基础上，按原有特征进行局部修缮。改造类建筑通过屋顶改造、外观材料和色彩的调整等方式对建筑进行改造，使之与环境风貌相协调。拆除类建筑可分为两类：一类为破败且无保护和利用价值的建筑；另一类为影响村庄防灾、交通且现状不佳、历史保存价值不大的民居建筑。拆除后可结合景观用作交通、休闲、绿地空间。

1．改造民居现状图   3．所选民居改造方案效果图
2．当地历史民居风貌现状图

图7-9 小龙村建筑改造示意图

3.提取乡愁景观符号，强化场所精神

当地村民认为村庄最美的就是老房子，而游客也对传统建筑情有独钟，认为是"乡愁"景观元素中最不可或缺的元素。传统民居是"乡愁"景观地域性与乡土性的集中体现，是重要的"乡愁"景观符

号。只有把这些有历史文化内涵的、承载乡村记忆的建筑保护好，才
是对历史文化的忠实传承。

　　小龙村建筑多为湘南民居，高墙坡顶、青砖墙裙、敞厅天井、青
瓦飞檐，总体呈现出三合院敞厅式建筑布局。了解建筑原有材料、结
构等，提取传统民居的主要构成元素，对小龙村传统建筑的主要构成
元素通过引用、抽象、重组、"归化"与"异化"处理等手法，采用
传统材料和技术工艺，使更新后的新建筑与原有建筑更好地融合在一
起，让地方历史文化特色得以延续（图 7-10）。

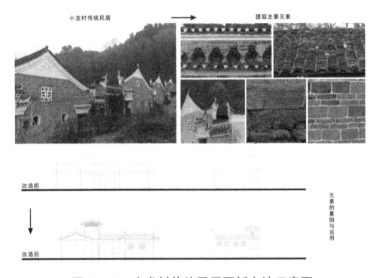

图 7-10　小龙村传统民居更新方法示意图

　　乡村聚落、街巷小路都是乡愁景观的重要符号，小龙村最令人难
忘的耕作场景和生活场景也是在乡土聚落空间中得以展现。在景观营
造中针对乡村聚落、街巷格局、生活场景等整体形象，需要将构成系
统的各部分打散后，根据新时代的审美意识进行重组与定位，同时体
现场所精神。在空间处理上，可以将原有利用率较低的空间"化整为
零"，通过合理规划，形成融合场所精神的若干小空间，展现不同生

活场景与功能，也可以将零碎的小空间"化零为整"，有利于空间的合理利用。水平空间的扩建要注意庭院空间的形式，展现"乡愁"景观空间感和场所性。针对传统建筑采光不足的问题，可以用将室内空间室外化的手法，扩大中庭空间。村民认为传统建筑太过潮湿、建筑室内空间不足的问题，可以利用将室内空间室外化，将原有天井空间通过加盖屋顶等方式化为室内空间。

另外，街巷、庭院、广场是小龙村"乡愁"景观的重要符号，也是场所营造的重要内容。小龙村院落形式主要呈三合院形态，形成了相对私密的活动空间，可以在景观营造中保持院落的空间形态，引入当地特色花草，布置石凳、生活器皿等景观小品，营造充满怀旧感的生活场所。小龙村传统街巷形态富于变化，不但具有交通功能，也是邻里休闲交流的场所。在营建中要注重街巷空间尺度比例关系，保障交通的顺畅，同时可在街巷边设置休闲设施。小路建议采用当地石材，增强景观的乡土性和特色性。

特有植物是最能给人直观感受的乡土景观，在植物景观营造上应以乡土树种为主，保护古银杏树，种植具有地域特色的植物。"乡愁"景观的地方性也体现在产业的选择上，小龙村可以根据市场需求，结合当地资源优势，打造红薯种植庄园，种植"南瓜薯、槟榔薯、结玉薯"等外形优美，花色多样的各类红薯品种。将特色农业与旅游业相结合，通过引进新产品和新技术，不断提高红薯的科技含量，把"思薯"庄园打造成灌阳县最具特色的红薯生产基地。生产出的红薯或就地销售，或加工成红薯酒、果脯、红薯粉丝等旅游特产，带动乡村经济发展。充分利用现有农田，打造体验、观光等为主的景观，如适时适地分区块种植水稻、油菜花等农作物，以及彩色草本花卉等植物，打造七彩田园景观。另外，可以建设黑李园、桃子园、雪梨园、脐橙园、石榴园、蜜枣园等，把休闲旅游与本土果业完美结合，形成观光农业园特有的景观环境。

4. 营造乡土乡趣氛围，唤醒情感记忆

除乡土聚落、古民居、山水田园景观外，与农耕文化相关的记忆也能勾起人们的乡村回忆。小龙村以浑厚雅致的古民居为引导，通过对现有自然肌理进行梳理，合理设置乡土文化项目（图 7-11），打造集休闲娱乐、田园游憩、文化体验等于一体的乡村休闲走廊，发展旅游经济。结合小龙村产业调整，重点开发民俗文化体验产品、传统手工艺产品、农家特产，布置以百态工坊为代表的休闲商业项目，打造再就业基地。项目以瑶家及当地传统手工业为特色，辅以各类农用作坊，主要包括：纺织、染缝、竹木编织、豆腐、米饼、酿酒、茶坊、木工、雕刻、竹器、乐器等传统手工业制作工坊，形成一个传统气息浓厚，集传统美食、手工艺体验于一体的休闲街区。手工作坊外形采用田园古居的特色，内部陈设富有个性，如生产工具系列陈列、地面石板铺砌，墙挂竹斗笠等。深度挖掘小龙村独特的民间艺术、乡土特产、民俗活动、民俗节庆等"乡愁"景观符号，通过举办大型民俗活动、节事节庆活动，聚集人气，扩大吸引力。以灌阳千家洞瑶族文化旅游节、二月八农具文化节、国际乡村艺术节等为重点打造项目，将民俗活动与旅游产品紧密结合，营造更具体验性的乡土文化特色景观项目，唤醒与活化人们的乡土记忆。

小龙村"乡愁"景观营建以当地大地景观为背景，以乡土田园聚落为中心，通过自然景观、文化景观、经济景观的结合，展现地方农业生产与农民生活。当地自然生态系统、村庄建筑风貌、人文景观沉积着地域历史和特色，通过对传统聚落、街巷小路、当地建筑、庭院广场、乡土植物等"乡愁"景观符号的提取与重塑，营造特有的"乡愁"景观和乡土乡趣氛围，展现出充满诗意的美丽乡村。

图 7-11　小龙村项目布局图

　　小龙村的特色景观资源是以稻田、果园、菜园及花圃等为依托的山水田园景观。在景观营造上应充分利用小龙村四周山峦起伏、中间广袤田园分布的地理特点，最大限度地展现乡土田园空间，并采用地景艺术的手法，在原有田园肌理上，利用农作物和花卉构造富有艺术气息和景观审美的地景图案（图 7-12）。

图 7-12　小龙村景观规划鸟瞰图

五、结语

"记得住乡愁"是人们对地域文化传承的殷切希望，更是在当代认同危机下对于心灵归属感的呼唤和呐喊。本章节对"乡愁"理论体系和"乡愁"景观符号进行解析。通过对 5 个村落的实地调研，找到村民与游客眼里的"乡愁景观"和对当地乡村建设的感知。综合相关理论研究和人们对"乡愁"的感知，探寻桂北乡愁文化景观营建路径。最后通过对小龙村的实证研究，提供乡愁景观营建的案例参考。主要研究结论包括以下 3 方面。

（1）"乡愁景观"的解析

"乡愁"是故乡意象的怀旧情结，是对故乡乡土的心灵守望，是对快速城市化的反思。"乡愁"的产生过程为，以事物、活动为起源并提供记忆的素材与基础，由时间状态和空间状态（包括空间位置的转移和空间内事物的变化）转变而引发的人们的一种复杂情感。"乡愁景观"包含自然符号、地域符号、文化符号和美学符号，具有地方性、本土性、时空性、历史性、社会性以及情感性等多维属性。

（2）游客和村民对"乡愁景观"的感知

通过对龙脊村、小龙村、熊村、红岩村及鲁家村游客和村民实地调查与问卷分析，了解人们对"乡愁"和美丽乡村景观建设的感知，发现他们在自然生态景观、田园耕作景观、传统建筑、民俗文化与艺术、生活娱乐场所方面具有共同期待与认识，由此推知"乡愁景观"感知模型由自然景观、聚落风貌、田园景观、文化生活、精神享受构成。

（3）桂北乡愁文化保护与景观营建路径

本文从生态环境、资源特色、景观风貌和文化景观四个方面归纳桂北乡村景观建设的现状和主要问题，并提出"乡愁"文化保护与景观营建的路径，主要包括保护乡土田园格局、构建生态空间，维护传统聚落风貌、突显地域特色，提取乡愁景观符号、强化场所精神，营造乡土乡趣氛围，唤醒情感记忆等四个方面。

第 8 章　结论与展望

一、研究结论

我国正处于全面推进乡村振兴战略的重要时期，也是中国特色新型工业化、城镇化、信息化、农业现代化的关键时期。农村传统文化体系在发展的过程中正面临文化断层的威胁，传统村落的文化传承与保护面临巨大挑战。在乡村振兴和新型城镇化过程中，保护和传承乡村文化，使生态环境和乡土景观在快速发展的乡村建设中得到有效保护和更新，是新形势赋予我们的历史责任。

乡土景观是民族地域文化的重要标识，也是西部民族地区旅游富民工程和乡村振兴战略的有效载体。保护乡土记忆，唤醒与重塑民族乡村文化景观也是我们的当代使命。本书以桂北地区的民族村落为案例，探索乡土景观保护模式，从生态博物馆、传统生态智慧、聚落景观意象、乡土文化记忆、乡愁文化景观五个视角提出了乡土景观保护与营建策略。

（一）构建了活态化、原真性、参与性、传承性、整体性的乡土景观保护模式

本书基于典型乡村案例的调查研究以及乡土景观的概念解析，总结归纳了乡土景观的功能、价值和保护模式。其一，乡土景观功能与价值主要包括生态生产功能、美学游憩价值和文化传承功能；其二，基于生态博物馆、传统生态智慧、聚落景观意象、乡土文化记忆、乡愁文化景观五个视角的调查研究，构建了活态化、原真性、参与性、传承性、整体性的乡土景观保护模式。

（二）总结了生态博物馆在居民诉求、运作模式、营建设施、管理机制四个方面的优化方案

本书运用文献资料查阅法和实地调研观察法，调查广西三江程阳八寨和龙胜龙脊壮寨区域生态博物馆的运行状况，总结生态博物馆文化景观历时性变化，进而分析生态博物馆模式对物质文化景观和非物质文化景观的保护效果。最后，基于以上分析总结出生态博物馆在居民诉求、运作模式、营建设施、管理机制四个方面的优化方案。

（三）挖掘了民族乡土景观在选址布局、山水环境、农业景观、聚落景观四个层面的生态智慧

以龙脊古壮寨为案例，围绕选址布局、山水环境、农业景观、聚落空间四个层面探讨了其中蕴含的生态智慧。第一，在选址布局方面，充分考虑环境气候、地形条件、水文条件、生产生活需求等因素，体现人与天调的选址布局思想；第二，在山水环境方面，村寨合理利用山林资源形成"森林 – 村寨 – 梯田 – 河流"四素同构的景观结构；第三，在农业景观方面，梯田的开垦耕作、维护及水利灌溉技术都蕴涵顺应自然的传统智慧；第四，在聚落空间方面，建筑营建布局体现了适应环境的智慧，木材、石材的运用展现了因地制宜的生存智慧。

（四）提出了保护自然景观意象、维护人工景观意象、延续非物质景观意象、强化情感意象的乡土景观意象保护策略

通过采集程阳八寨游记样本，运用 ROST CM6 和 NVivo 11.0 软件对游记文本和照片进行分析，提炼出景观意象要素范畴和景观结构意象维度，总结了景观意象空间布局热点、意象感知差异的成因。通

过分析游客对程阳八寨的积极情感和消极情感，解析程阳八寨景观意象的总体特征。最后，基于以上乡村景观结构意象和情感意象分析，提出保护自然景观意象、维护人工景观意象、延续非物质景观意象、强化情感意象等四方面的保护与营造策略。

（五）提出了"解构—提取—识别—重塑"的乡土景观记忆保护与重塑路径

对比分析了乡村空间生产活动中景观元素的变迁，归纳出缺失、消退、加强、演替四类景观变迁类型，并从自然环境空间、生产劳作空间、聚落交往空间、精神文化空间等四个层面总结了传统村落景观变迁的特征：自然环境人地关系弱化、传统生产文化缺失、城市化痕迹突兀、本土文化传承度低。基于以上总结和分析，提出乡村记忆重塑路径，包括优化乡土景观意象空间和提升乡土景观元素承载力。

（六）归纳了保护山水格局、维护传统风貌、传承文化符号、强化乡土记忆的乡愁文化景观营建策略

"记得住乡愁"是人们对传承地域乡村文化的殷切希望，更是在当代面临严重认同危机时对于心灵归属感的热切呼唤。首先，系统解析"乡愁"理论体系和"乡愁"景观符号。其次，对桂北 5 个村落进行实地调研，分析村民与游客眼中的"乡愁"景观及对当地乡村建设的感知，并总结乡村振兴背景下桂北乡愁文化景观营建的实现路径，包括保护乡土田园格局、构建生态空间，维护传统聚落风貌、凸显地域特色，提取乡愁景观符号、强化场所精神，营造乡土乡趣氛围，唤醒情感记忆等四个方面。

二、研究不足

由于时间、精力所限，本书的研究存在以下不足：首先是案例选取局限性。虽然桂北地区民族文化丰富、多样，但是选取的案例未能涵盖地区所有民族，有待进一步深入调查和研究；其次是时间跨度局限性。桂北乡村记忆、文化的挖掘受文本和数据资料的限制存在时间局限，仅代表一定时期内的乡土景观状况。

三、研究展望

在乡村振兴战略、城镇化发展和加快少数民族地区经济社会发展及民族文化传承的政策背景下，乡土景观的保护与营建是乡村可持续发展的重要话题。在乡土景观的研究中，笔者认为乡村景观遗产和乡村记忆传承是未来值得关注的研究领域。

（一）乡村景观遗产

首先，在研究内容上，乡村景观遗产是中国农耕文明的重要载体，是提升文化自信和推进乡村振兴的重要资源，在旅游发展、数字化和整体性保护等方面或将成为未来有价值的研究领域。其次，在研究方法上，计算机深度学习、远程可视化等方法为乡村景观遗产的保护、监测等方面提供了新的研究工具。最后，在研究实践方面，运用 ArcGIS 构建遗产空间分布体系进行空间格局分析，建立乡村遗产价值与特征识别体系，有助于提高乡村景观遗产保护的科学性与合理性。

（二）乡村记忆传承

乡村记忆研究是未来乡村研究的重要领域，乡村振兴不仅要注重经济和社会的振兴发展，同时也须重视地方文化的继承与发扬。首先，乡村记忆传承研究应重视地方记忆载体的重塑与再生，未来应发挥多学科交叉的优势，以建筑类学科为主导，以社会学、文化学、人类学等多学科融合的格局开拓研究视野。其次，乡村记忆具有全球化与地方化相互交织的特征以及时空维度的多尺度、连续性特征，全域时空要素的乡村记忆研究或将成为新的研究视角。

参考文献

［1］关于实施乡村振兴战略的意见 [EB/OL].http://www.gov.cn/gongbao/content/2018/content_5266232.htm,2018－01－02.

［2］乡村振兴战略规划（2018 — 2022 年）[EB/OL].http://www.gov.cn/gongbao/content/2018/content_5331958.htm,2018－09－26.

［3］乡村建设行动实施方案 [EB/OL].http://www.gov.cn/zhengce/2022－05－23/content_5691881.htm,2022－05－03.

［4］国家新型城镇化规划（2014 — 2020 年）[EB/OL].http://news.xinhuanet.com/house/wuxi/2014－03－17/c_119795674.htm,2014－03－17.

［5］国家发展改革委关于印发《2022 年新型城镇化和城乡融合发展重点任务》的通知（发改规划〔2022〕371 号）[EB/OL].http://www.gov.cn/zhengce/zhengceku/2022－03－22/content_5680416.htm.,2022－03－10.

［6］国务院办公厅关于印发国民旅游休闲纲要（2013—2020 年）的通知（国办发〔2013〕10 号）[EB/OL].http://www.gov.cn/zwgk/2013－02－18/content_2333544.htm,2013－02－18.

［7］郑文俊.旅游视角下乡村景观价值认知与功能重构：基于国内外研究文献的梳理 [J]. 地域研究与开发,2013,(1):102－106.

［8］国务院关于印发“十四五”推进农业农村现代化规划的通知（国发〔2021〕25 号）[EB/OL].http://www.gov.cn/zhengce/zhengceku/2022－02－11/content_5673082.htm,2022－11－12.

［9］文化和旅游部发布《“十四五”文化和旅游发展规划》[EB/OL].http://zwgk.mct.gov.cn/zfxxgkml/zcfg/zcjd/202106/t20210604_925006.html,2021－06－04.

［10］国务院关于印发“十三五”促进民族地区和人口较少民族发展

规划的通知（国发〔2016〕79号）[EB/OL].http://www.gov.cn/zhengce/content/2017-01/24/content_5162950.htm,2016-12-24.

［11］王云才.现代乡村景观旅游规划设计 [M].青岛：青岛出版社,2003.

［12］郑文俊.基于旅游视角的乡村景观吸引力研究 [D].武汉：华中农业大学,2009.

［13］彭兆荣.旅游人类学视野下的"乡村旅游"[J].广西民族学院学报（哲学社会科学版）,2005,27(4):2-7.

［14］杨同卫，苏永刚.论城镇化过程中乡村记忆的保护与保存 [J].山东社会科学,2014,(1):68-71.

［15］姚俊一.少数民族特色村寨保护与发展政策研究：以来凤县舍米湖村为例 [D].武汉：中南民族大学,2012.

［16］国家民委关于印发开展中国少数民族特色村寨命名挂牌工作意见的通知 [EB/OL].http://jjfzs.seac.gov.cn/art/2013/12/10/art_3383_196308.html,2013-12-10.

［17］国家民委关于命名第二批中国少数民族特色村寨的通知 [EB/OL]https://www.neac.gov.cn/seac/xxgk/201703/1072709.shtml.2017-03-24.

［18］保护非物质文化遗产公约 [EB/OL].http://www.npc.gov.cn/wxzl/wxzl/2006-05/17/content_350157.htm,2003-09-29.

［19］国务院关于进一步繁荣发展少数民族文化事业的若干意见 [EB/OL].http://www.gov.cn/zwgk/2009-07-23/content_1373023.htm,2009-07-23.

［20］潘守永.中国生态博物馆现况扫描 [N].中国文化报,2015-07-16（8）.

［21］G.H.里维埃.生态博物馆：一个进化的定义[J].中国博物馆,1996,11(2): 7–10.

［22］钟经纬.中国民族地区生态博物馆研究[D].上海:复旦大学,2008.

［23］莫志东.广西民族生态博物馆10+1工程探索之路[J].中国文化遗产,2015,(1): 32–39.

［24］黄克新.景观生态学[J].松辽学刊（自然科学版）,1989(4):26–27.

［25］何东进,洪伟,胡海清.景观生态学的基本理论及中国景观生态学的研究进展[J].江西农业大学学报,2003,02:276–282.

［26］刘心恬.《园冶》园林生态智慧探微[D].济南：山东大学,2010.

［27］雷铎.城市人居环境与传统生态智慧[J].广东社会科学,2003,06:128–133.

［28］魏成,王璐璐,李骁,等.传统聚落乡土公共建筑营造中的生态智慧：以云南省腾冲市和顺洗衣亭为例[J].中国园林,2016,06:5–10.

［29］潘立.生态智慧视域下的园林景观规划理念·方法·技术重构[J].安徽农业科学,2015,35:258–261.

［30］刘国栋,田昆,袁兴中,等.中国传统生态智慧及其现实意义：以丽江古城水系为例[J].生态学报,2016,02:472–479.

［31］齐羚.中国传统园林"理一分殊"的生态智慧探讨[J].风景园林,2014,06:45–49.

［32］胡立耘,李子贤.中国稻作文化研究的进展与前瞻：上[J].楚雄师专学报,2001, 01:49–55+137–138.

［33］崔峰,王思明,赵英.新疆坎儿井的农业文化遗产价值及其保护利用[J].干旱区资源与环境,2012,02:47–55.

［34］阿利·阿布塔里普,汪玺,张德罡,等.哈萨克族的草原游牧文化(Ⅱ):哈萨克族的游牧生产[J].草原与草坪,2012,05:90-96.

［35］杨主泉."越城岭"地区少数民族梯田文化中的生态智慧研究:以龙胜龙脊为例[J].农业考古,2010,06:397-399.

［36］杨主泉.南岭山区广西龙脊壮族传统文化中蕴涵的生态智慧[J].林业调查规划,2011,01:112-116.

［37］杨未.贵州少数民族生态智慧的现代启示[J].佛山科学技术学院学报(社会科学版),2014,06:8-11+14.

［38］肖金香.苗族传统生态文化与生态智慧[D].武汉:中南民族大学,2008.

［39］刘胜康,杨顺清.西南少数民族传统生态观的现代价值:兼论西南民族地区树立和落实科学发展观的意义[J].玉溪师范学院学报,2004,10:17-23.

［40］高弋乔.北川羌族村寨聚落景观空间特征研究[D].重庆:西南大学,2016.

［41］山岚,许新亚.桂北民族村寨景观空间的特征与保护[J].小城镇建设,2011,07:97-100.

［42］刘芮宏,刘小英.桂西南地区壮族村寨景观意象整合研究[J].广西城镇建设,2014,05:25-27.

［43］刘建浩.黔东南岜沙苗族村寨的自然村寨景观构造[J].贵州工业大学学报(自然科学版),2008,04:147-150.

［44］周颖悟.黔东南州苗族村寨景观形态未来发展趋势浅析[J].安徽建筑,2011,02:50+122.

［45］吴良镛.人居环境科学导论[M].北京:中国建筑工业出版社,2001.

[46]吴旭艳.凤凰古城景观意象研究 [D]. 长沙：中南林业科技大学 ,2010.

[47]熊凯.乡村意象与乡村旅游开发刍议 [J].地域研究与开发 ,1999(03):70–73.

[48]王云才 , 刘滨谊 . 论中国乡村景观及乡村景观规划 [J]. 中国园林 ,2003(01):56–59.

[49]王小雨 , 李婷婷 , 王崑 . 基于乡村景观意象的休闲农庄景观规划设计研究 [J]. 中国农学通报 , 2012,28(07):297–301.

[50]John D. Hunt. Image as a Factor in Tourism Development[J].Journal of Travel Reasearch, 1975, 13 (3): 1–7.

[51]John L, Crompton. An Assessment of the Image of Mexico as a Vacation Destination and the Influence of Geographical Location Upon That Image[J].Journal of Travel Reasearch, 1979, 17 (4): 18–23.

[52]Baloglu S , Ken W, McCleary. A model of destination image formation[J]. Annals of Tourism Research, 1999, 26(4) : 868–897.

[53]Gartner W C. Image Formation Process[J]. Journal of Travel and Tourism Marketing, 1993, 2 (3): 191–215.

[54]周永博 , 沙润 . 旅游目的地意象研究进展与展望 [J]. 旅游科学 ,2010,24(04):84–94.

[55]王云才 . 乡村旅游规划原理与方法 [M]. 北京 : 科学出版社 ,2006.

[56]陈威 . 景观新农村：乡村景观规划理论与方法 [M]. 北京 : 中国电力出版社 ,2007.

[57]刘丹萍 , 金程 . 旅游中的情感研究综述 [J]. 旅游科学 ,2015,29(02):74–85.

[58]传统村落保护该何去何从 [EB/OL].http://mt.sohu.com/20161124/n474039166.shtml,2016–11–24.

［59］Vos W,Meeks H.Trends in European cultural Landscape development: perspectives for a sustainable future[J].Landscape and Urban Planning,1993,(46):3-14.

［60］李凡,朱竑,黄维.从地理学视角看城市历史文化景观集体记忆的研究 [J]. 人文地理 ,2010,(04):60-66.

［61］胡赞英 . 集体记忆视角下类型学方法在景观设计中的运用 [D]. 长沙：湖南大学 ,2011.

［62］兰春明 , 翁捷 , 龚正伟 . 上海民俗体育 "舞草龙" 文化失忆与记忆重构 [J]. 体育科学研究 ,2014,(03):11-16.

［63］郭 凌 , 王 志 章 . 城 市 文 化 的 失 忆 与 重 构 [J]. 城 市 问 题 ,2014,(06):53-57.

［64］莫军华 . 文化记忆景观在农村社区文化重建中的重要性 [J]. 艺术科技 ,2013, (12):305.

［65］陈觐恺 . 乡愁视角下闽中村庄 "记忆场所" 特征研究 [D]. 西安：长安大学 ,2015.

［66］薛梦琪 . 南京长江大桥红色符号与城市景观记忆研究 [D]. 南京：南京林业大学 , 2016.

［67］李冉 . 基于场所记忆的北院门历史文化街区更新研究 [D]. 西安：长安大学 ,2016.

［68］GyRuda. Rural buildings and environment[J].Landscape and Urban Planning,1998,(41):93-97.

［69］高忠严 . 文化景观、历史记忆与村落传统：以泽州县拦车村为例 [J]. 贺州学院学报 ,2015,(03):91-97.

［70］张瑾 . 古村落旅游地的建筑景观变迁与保护研究：以江西婺源李坑村为例 [J]. 农村经济与科技 ,2016,(06):238-240.

［71］孔翔，卓方勇.文化景观对建构地方集体记忆的影响：以徽州呈坎古村为例［J］.地理科学,2017,(01):110–117.

［72］张智惠，吴敏.“乡愁景观”载体元素体系研究［J］.中国园林,2019,35(11):97–101.

［73］郑玄，杨琳.新型城镇化背景下农村生态治理对策研究［J］.农业经济,2019(08): 27–29.

［74］陈良金，唐俊奇.“乡愁记忆元素”与乡村规划建设项目融合途径的研究［J］.九江学院学报(社会科学版),2019,38(01):114–117.

［75］罗涛，杨凤梅，黄丽坤，等.何处寄乡愁？——由厦门、新疆高中生景观偏好比较研究引发的思考［J］.中国园林,2019,35(02):98–103.

［76］陈烨.乡愁视域下贵州民族村寨旅游可持续发展研究［D］.贵阳：贵州大学,2019.

［77］陈品冬.新型城镇化视域下美丽乡村的建设路径探究［J］.农业经济,2018(11):39–40.

［78］王新宇.新型城镇化背景下的“乡愁型”景观设计研究初探［J］.绿色科技,2017(19): 1–5.

［79］王成，唐赛男，孙睿霖，等.论乡愁生态景观概念、内涵及其特征［J］.中国城市林业,2015,13(03):63–67.

［80］俞孔坚，王志芳，黄国平.论乡土景观及其对现代景观设计的意义［J］.华中建筑,2005, 23(4):123–126.

［81］李蕾蕾.“乡愁”的理论化与乡土中国和城市中国的文化遗产保护［J］.北京联合大学学报：人文社会科学版,2015,13(4):51–57.

［82］张帅.“乡愁中国”的问题意识与文化自觉：“乡愁中国与新型城镇化建设论坛”述评［J］.民俗研究,2014(02)：156–159.

［83］窦志萍.“乡愁旅游”发展路径初探 [J]. 浙江旅游职业学院学报 ,2015(2).

［84］霍文琦.新型城镇化建设如何面对“乡愁”[N]. 中国社会科学报 ,2015-06-19A01.

［85］顾国培,张纯纯,包勤康,等.打造“青蛙小镇”留住“美丽乡愁”:苏州市东山镇杨湾村美丽乡村产业导入的实践与启示 [J]. 江苏农村经济 ,2015(6):38-40.

［86］吕曼秋.基于乡愁文化视角的新型城镇园林绿化发展:以南宁市为例 [J]. 广西师范学院学报:自然科学版 ,2015(4):96-100.

［87］Thurber C A, Walton E A. Homesickness and adjustment in university students[J]. Journal of American College Health J of Ach, 2012, 60(5):415-419.